新手易学 服装实用技术丛书

看图学
服装裁剪
与缝制

马丽 编著

机械工业出版社
CHINA MACHINE PRESS

本书主要由两大部分共八章组成。第一部分为准备篇，着重介绍了服装与人体、服装制图、服装材料以及服装缝制和熨烫等基础知识。第二部分为实践篇，涵盖了服装缝制工艺的基础操作、服装裁剪与制作实例以及服装款式设计图例等内容，既讲解了手缝、机缝的基础操作和服装零部件缝制，又详列了衬衫、裙子、裤子、西服等多种款式实例，逐一介绍了每一种服装款式的设计、打板、排料、裁剪以及缝制工艺等内容，力求理论讲述和实践操作相辅相成。书中适配了大量实操照片，流程清晰，图文并茂，易学易用。本书可供服装裁剪与缝制的初学者使用，也可作为服装裁剪与缝制技能培训的培训用书。

图书在版编目（CIP）数据

看图学服装裁剪与缝制/马丽编著. —北京：机械工业出版社，2015.11（2020.11重印）
（新手易学服装实用技术丛书）
ISBN 978-7-111-51711-5

Ⅰ.①看… Ⅱ.①马… Ⅲ.①服装量裁—图解②服装缝制—图解
Ⅳ.①TS941.63-64

中国版本图书馆CIP数据核字（2015）第235948号

机械工业出版社（北京市百万庄大街22号　邮政编码100037）
策划编辑：马　晋　责任编辑：马　晋　周晓伟
版式设计：赵颖喆　责任校对：佟瑞鑫
责任印制：孙　炜
保定市中画美凯印刷有限公司印刷
2020年11月第1版第6次印刷
184mm×260mm·16印张·333千字
标准书号：ISBN 978-7-111-51711-5
定价：48.00元

随着人们生活水平的提高，个性化审美意识的增强，以及消费观念的变化，越来越多的人不仅仅满足于成衣的购买，更想按照自己的审美设计裁剪和制作服装。本书的编写目的，就在于让零基础的初学者拥有一本看得懂、上手快，既能轻松快速地学习量体裁衣，又能初步掌握一门就业技能的服装裁剪与缝制入门书。

本书编写时本着夯基础、重实践的原则，由两大部分共八章组成。第一部分为准备篇，着重介绍了服装与人体、服装制图、服装材料以及服装缝制和熨烫等基础知识。第二部分为实践篇，涵盖了服装缝制工艺的基础操作、服装裁剪与制作实例以及服装款式设计图例等内容，既讲解了手缝、机缝的基础操作和服装零部件缝制，又详列了衬衫、裙子、裤子、西服等多种款式实例，逐一介绍了每一种服装款式的设计、打板、排料、裁剪以及缝制工艺等内容，力求理论讲述和实践操作相辅相成。

本书有如下突出特色：

1. 实操照片图直观易懂

本书针对零基础的初学者，突出"入门"特点，适配了大量实操照片图，流程清晰，图文并茂，浅显易懂。

2. 基础技能操作步骤详细

将应掌握的手缝、机缝基础技能，以及服装零部件的缝制方法，用步骤图的形式分解每一个操作流程，并配以详细的文字说明，读者可一步一步按照书中内容进行具体操作，生动直观。

3. 服装制作实例流程清晰

所有的实例按照造型特点、成品规格、裁剪制图、纸样修正、纸样放缝、裁剪排料、裁剪缝制、成品效果的流程来讲解，其中裁剪缝制还包括缝制流程图和详细的操作步骤图，让读者对整个制作流程有清晰的认识，便于学习操作。

4. "小窍门"提升操作技巧

作者根据多年教学和实践经验，总结了很多"小窍门"穿插在相应的操作内容中，帮助初学者少走弯路，巩固提升操作技能。

本书由马丽编著，在编写过程中还得到了孙文静、常世雄等同学的协助，谨在此表示感谢。

由于编著者水平有限，书中难免有不妥之处，敬请各位专家、读者批评指正。

编著者

目 录 CONTENTS

准 备 篇

第一章

服装与人体基础知识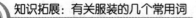

⊞ 第一节　服装的分类

人类的着装由远古茹毛饮血时期的树叶遮身，到今天种类繁多的现代服装，其发展经历了一个漫长的过程，也演化出保护身体、修饰仪表和标识证身等多重功能。服装由于其款式、造型、用途等不同呈现出不同的特色和风格。

> **🔍 知识拓展：有关服装的几个常用词**
>
> 在日常生活中，对服装表述的惯用词有：
> **（1）服装**　从狭义上仅指衣服，广义上指人着装后的一种状态。
> **（2）服饰**　从狭义上指用于搭配服装的饰品，包括帽子、头巾、头饰带、领带、领结、围巾、手套、袜子、腰带、鞋靴、箱包等。从广义上讲包括服装和配饰。
> **（3）衣服**　与衣裳相近，是指穿着在人体上的物品的总称，如外衣、内衣、裤、裙等。
> **（4）衣裳**　从《说文解字》中来，上身着装为衣，下身着装为裳。
> **（5）时装**　指一定时间和地域内流行的具有时尚元素的服装。
> **（6）成衣**　指服装工厂批量化生产的衣服，它区别于单裁定制的服装。目前服装店出售的多为这类。

参照2009年颁布的服装工业国家标准《服装分类代码》（GB/T 23560—2009）中关于服装分类的规定，按照系统科学、可扩展和综合实用的标准，服装可分为以下几类：

（1）机织服装　主要由机织面料构成的服装，包括大衣、茄克衫、披风/斗篷、防寒服、羽绒服、西服、马甲、衬衫、T恤衫、裤子、裙子、套装/西服套装、休闲服、家居服、普通运动服、泳装、民族服装、婴幼儿服装、孕妇服装、旗袍、婚纱/礼服、内衣等品类。

（2）针织及钩编服装　主要由针织面料构成以及毛线钩编的服装，服装品类与机织服装大致相同。

（3）毛皮及皮革服装　主要由毛皮和皮革构成的服装。

（4）特种服装 包括军装、制式服装、专业服装等。其中制式服装包括国家、企业、行业等的服装；专业服装包括专业运动服、舞台服、飞行服、航天服等。

（5）服装配饰 指服装中，装饰和保护身体的个人用品总称，包括帽、头巾、头饰带、领带、领结、围巾、披肩、手帕、手套、袜子、腰带、鞋靴、雨衣、雨具、箱包、票夹等。

（6）个体防护服装 指以保护劳动者安全和健康为目的，直接与人体接触的装备或用品，以往称劳动防护用品。

（7）其他服装 另外，根据服装的穿着组合、用途、面料、制作工艺、性别、年龄、民族、特殊功用等也有其他一些常用的服装分类形式，参见表1-1-1。

表1-1-1 服装其他分类形式

分类标准	内容
按穿着组合分类	1. 整件装：上下两部分相连的服装，如连衣裙、大衣等，服装整体形态感强 2. 套装：上衣与下装分开的衣着形式，有两件套、三件套、四件套 3. 外套：穿在衣服最外层，有大衣、风衣、雨衣、披风等 4. 背心：穿至上半身的无袖服装，通常短至腰、臀之间，为略贴身的造型 5. 裙：遮盖下半身用的服装，有一步裙、A字裙、圆台裙、裙裤等，变化较多 6. 裤：从腰部向下至臀部后分为裤腿的衣着形式，有长裤、短裤、中裤
按用途分类	1. 分为内衣和外衣两大类：内衣紧贴人体，起护体、保暖、整形的作用；外衣则由于穿着场所不同，用途各异，品种类别很多 2. 又可分为社交服、日常服、职业服、运动服、室内服、舞台服等
按服装面料 与制作工艺分类	中式服装、西式服装、刺绣服装、呢绒服装、丝绸服装、棉布服装、毛皮服装、针织服装、羽绒服等
按性别分类	男装、女装
按年龄分类	婴儿装（0~1岁）、幼儿装（2~5岁）、儿童装（6~11岁）、少年装（12~17岁）、青年装（18~30岁）、成年装（31~50岁）、中老年装（51岁以上）
按商业习惯分类	童装、少女装、淑女装、职业装、男装、女装、家居服、休闲服、运动服、内衣等
按服装的厚薄和 衬垫材料不同分类	单衣类、夹衣类、棉衣类、羽绒服、丝棉服等

第二节 人体体型特征与测量

一、人体体型特征

（一）人体体型构成与特征

人的体型由头部、躯干部、上肢部、下肢部四大部位构成。其中躯干部包含颈、胸、背、腹、腰、臀等部位；上肢部包含肩、上肘、下臂、腕、手等部位；下肢部包含胯、大腿、膝、小腿、踝、脚等部位。

随着人的年龄变化，人体的体型特征也不断地发生着变化。

幼儿期（1~6岁），四肢较短，胸廓较短而阔，胸部小于腹部，腰部不明显，体型圆润，男女童无明显差别。

学童期（6~12岁），男女童在体型上逐渐出现差别，腰围增长缓慢，胸围、臀围发育较快，逐步显现躯干曲线。

中学期（12~18岁），男女生体型逐渐向成年人体型转变，女生胸部发育，臀部日渐丰满，女性形体逐渐呈现；男生身高和胸围快速提高，肩部和胸廓增宽，骨骼和肌肉发育较快。

青年期，男女体型发育成熟，呈现出显著的体型特征，如图1-2-1所示。男子体型的特征为：骨骼粗壮、肌肉较发达、皮下脂肪较少，颈部竖直，肩较宽、背部厚实、胸廓宽阔而平坦、臀部收缩而体积小，整体特征较平直。成年男子从双肩至臀部呈倒梯形。女子体型的特征为：骨骼柔和、肌肉不发达、皮下脂肪较多。肩部窄小圆滑，胸廓较小，颈部向前伸，乳房隆起丰满，肩胛骨突出、背部向后倾斜、臀部突出上翘、后腰凹陷、腹部前挺，显出优美的"S"曲线。成年女子一般胸围约小于或等于臀围，呈正梯形或长方形。

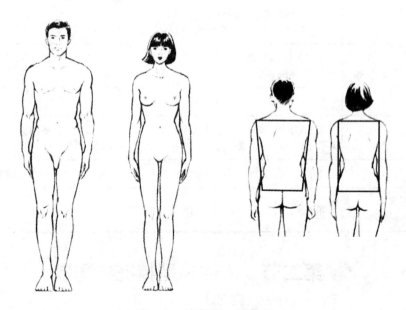

图1-2-1 青年男、女体型

中老年期，人的体型随着身体机能的衰落而变化，关节软骨逐渐萎缩，肩端下降，胸廓外形变扁平，腹部变大，皮肤松弛下垂，脊柱弯曲较大；女性的乳部及乳下已有皱纹，而且比较松弛下坠。

（二）人体体型的分类

人体的体型在人的成长过程中，受到生理、遗传、年龄、职业、健康等因素的影响而不断变化，下面介绍一些分类方式。

1. 按照整体体型分类

（1）标准体　指身材匀称，身高与围度比例协调，没有明显缺陷的体型，也称正常体。

（2）肥胖体　指身形肥胖、体重较重、围度相对身高较大，骨骼较粗壮，肌肉较发达，皮下脂肪厚，颈短肩宽，胸部短宽而深厚的体型。

（3）瘦体　指身形瘦削、体重较轻、骨骼较细长，肌肉不发达，皮下脂肪少，颈细肩窄，胸部狭长扁平的体型。

2. 按照身体部位的形态分类

（1）挺胸体　也称鸡胸体。人的胸部前挺，饱满凸出，后背平坦，头部略往后仰，前胸宽，后背窄。

（2）驼背体　人体背部凸起，头部略前倾，前胸则较平且窄。穿上正常体型的服装，前长后短，后片绷紧起吊。

（3）凸肚体　腹部圆润凸出，而臀部并不显著凸出。

（4）凸臀体　臀部丰满凸出。

（5）平臀体　臀部平坦。

（6）平肩　两肩端平，呈"T"字形，较正常肩高耸。

（7）溜肩　两肩向外下侧塌，呈"个"字形，较正常肩下溜。

（8）高低肩　左右两肩高低不一，一肩正常，另一肩低落。

（9）O形腿　也称罗圈腿。膝盖向外撇，两脚向内偏，腿形呈内弧形。

（10）X形腿　也称八字腿。膝盖向内并齐，两脚平行外偏，膝盖以下至脚跟向外撇，呈八字形。

二、人体测量

（一）人体测量工具与方法

人体测量是用数据来呈现体型。通过测量，既能正确把握体型特征，又能为服装裁剪制图中结构设计和服装生产中的号型规格设定提供依据。

1. 常用测量工具（图1-2-2）

（1）软尺　尺寸稳定、质地柔软的扁平带状测量工具，刻度精确，以毫米（mm）为单位，一般长约150mm。软尺轻便易用，是常用的人体和服装的测量工具。

（2）角度计　刻度为度数，可测定人体肩部斜度、背部斜度。

（3）马丁测量仪　由主尺杆、固定座、活动尺座管形尺框、两支直尺和两支弯尺构成。主尺杆由3～4节金属管相互套接而成，测量范围是0～2000mm。测量时可根据需求上下调节，测量人体的身高、坐高和体部的各种高度，以及肩宽、胸宽等。

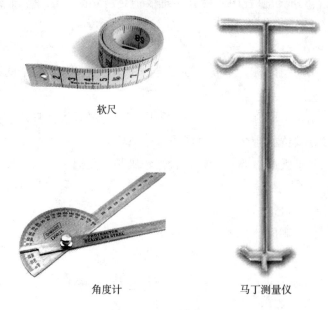

软尺

角度计　　　　　　马丁测量仪

图1-2-2　人体测量工具

2. 测量方法

进行人体测量时，要求被测量者保持站姿或坐姿，姿势自然，不要深呼吸，正确真实反映被测者的体型特征。采取站姿时，要求被测者肩部放松，平视前方，手臂自然下垂，轻贴腿部，脚跟并拢，脚尖外张成45°夹角。采用坐姿时，被测者坐到高度适宜的椅子上，膝盖弯曲成直角，大腿与地面平行，上身端正平直，手轻放于大腿上。

被测者量体时最好是裸身状态，一般可穿着稍紧身的内衣进行测量，测量的尺寸为净尺寸。量体时，应注意以下几点：

1）量体时首先观察被测者的体型特征，如有特殊部位，应做好体型符号记载，并加测该部位尺寸，以备裁剪时参考。

2）测量时软尺不能拉得太紧或太松，以顺势贴身为宜。长度测量一般随人体起伏，通过所需经过的基准点而进行测量。围度测量时，右手持软尺的零起点一端紧贴测量点，左手持软尺沿基准线水平围测一周，以放入两指松度为宜，不能过紧或过松。

3）测量胸围时，被量者两臂垂直；测量腰围时要稍放松腰部。

4）量体要按顺序进行，以免遗漏。上衣一般以测量衣长、背长、胸围、腰围、臀围、肩宽、袖长、领围等为序。裤子的测量顺序为裤长、股上长、腰围、中臀围、臀围、大腿根围、脚口。

5）在量体时应询问、尊重被测者的穿着习惯，适当缩小或放大尺寸。

6）不同体型有不同要求，体胖者尺寸不要过肥或过瘦，体瘦者尺寸要适当宽裕一些。

（二）人体测量基准点

人的形体具有复杂的形态，为了获得正确的量体尺寸，必须设定正确的人体测量点和基准线。测量基准点和基准线的确定是根据人体测量的需要，在人体上都是固有的，不因时间、生理的变化而改变，且具有明显性、易测性和代表性的特点，因此一般多选在骨骼的端点、突起点和肌肉的沟槽等部位，如图1-2-3所示。

① **头顶点**　以正确姿势站立时，头顶部的最高点。它是测量身高的基准点。

② **颈窝点**　位于人体前中央颈、胸交界处，在左右锁骨的胸骨端上缘连线的中点。它是颈根曲线的前中点，是领口深定位的参考依据。

③ **颈椎点**　位于人体后中央颈、背交界处，即第七颈椎点，是测量背长和上衣长的基准点。

④ **颈侧点**　位于人体颈侧根部至肩部的转折点，是确定领宽的参考依据，也是测量小肩宽的依据。

⑤ **肩端点**　位于人体肩关节向外突出的峰点处，是肩与手臂的转折点。它是衣袖缝合对位的基准点，也是测量人体总肩宽和袖长的基准点。

⑥ **乳头点**　乳头的中心点，也是人体胸部的最高点，也称胸高点，是确定胸围线和胸省省尖方向的基准点。

⑦ **腋窝前点**　在人体胸部与臂根的交点处，是测量胸宽的基准点。

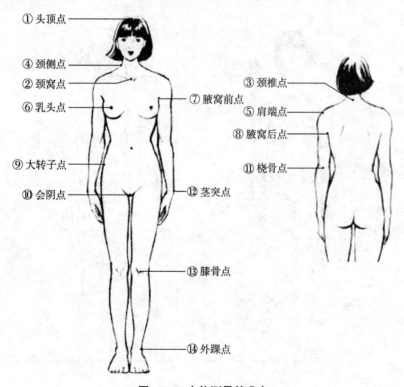

图1-2-3　人体测量基准点

⑧ **腋窝后点**　在人体背部与臂根的交点处，是测量背宽的基准点。

⑨ **大转子点**　人体股骨大转子的最高点，是下体侧部最丰满处。

⑩ **会阴点**　在人体左右坐骨结节最下点连线的中点，是测量股上长的基准点。

⑪ **桡骨点**　在人体手臂肘部桡骨上端向外最突出之点，是测量上臂长的基准点。

⑫ **茎突点**　也称手根点，在腕部尺骨下端最突出之点，是测量袖长的基准点。

⑬ **膝骨点**　位于人体膝关节的中心处，是确定裤子的膝围线和测量裙长的参考点。

⑭ **外踝点**　脚腕外侧踝骨的突出点，是测量裤长、裙长的基准点。

（三）人体测量部位

人体测量时主要包括长度测量、宽度测量和围度测量，具体测量部位如下（图1-2-4）：

① **身高**　人体立姿时从头顶点垂直向下量至地面的距离。

② **颈椎点高**　从第七颈椎点垂直向下量至地面的距离。

③ **背长**　从颈椎点垂直向下量至腰围中央的长度。

④ **前腰长**　由颈侧点通过胸高点量至腰围线的距离。

⑤ **坐姿颈椎点高**　人坐在椅子上，从第七颈椎点垂直量到椅面的距离。

⑥ **乳位高**　由颈侧点向下量至乳头点的体表长度。

⑦ **腰围高**　从腰围线中央垂直量到地面的距离，是裤长设计的依据。

⑧ **臀高**　从体后腰围线向下量至臀部最高点的距离。

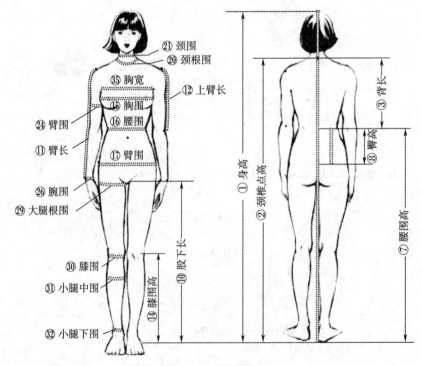

图1-2-4　人体测量部位

⑨ **股上长**　从体后腰围线量至臀沟的垂直距离。

⑩ **股下长**　从臀沟向下量至地面的距离。

⑪ **臂长**　从肩端点向下量至茎突点的距离。

⑫ **上臂长**　从肩端点向下量至桡骨点的距离。

⑬ **手长**　从茎突点向下量至中指指尖的长度。

⑭ **膝围高**　从膝盖中点至地面的垂直距离。

⑮ **胸围**　过乳头点沿胸廓水平围量一周的长度。

⑯ **腰围**　经过腰部最细处水平围量一周的长度。

⑰ **臀围**　在臀部最丰满处水平围量一周的长度。

⑱ **中臀围**　过腰围与臀围中间位置水平围量一周的长度。

⑲ **头围**　通过前额中央、耳上方和后枕骨，在头部量一周的长度。

⑳ **颈根围**　通过颈根外侧点、颈椎点、颈窝点，在人体颈部围量一周的长度。

㉑ **颈围**　通过喉结，在颈部水平围量一周的长度。

㉒ **下胸围**　在乳房下端水平围量一周的长度。

㉓ **腋围**　从腋窝后点经过肩端点再到腋窝前点并穿过腋下围量一周的长度。

㉔ **臂围**　上臂最粗处水平围量一周的长度。

㉕ **肘围**　经过肘关节围量一周的长度。

㉖ **腕围**　经过腕关节茎突点围量一周的长度。

㉗ **掌围**　拇指自然向掌内弯曲，通过拇指根部围量一周的长度。

㉘ **胯围**　通过胯骨关节，在胯部围量一周的长度。

㉙ **大腿根围**　在大腿根部水平围量一周的长度。

㉚ **膝围**　过膝盖中点水平围量一周的长度。

㉛ **小腿中围**　过小腿最丰满处水平围量一周的长度。

㉜ **小腿下围**　过踝骨上部最细处水平围量一周的长度。

㉝ **肩宽**　从左肩端点通过颈椎点量至右肩端点的距离。

㉞ **小肩宽**　从肩端点量至颈侧点的距离。

㉟ **胸宽**　胸部两腋窝前点之间的距离。

㊱ **乳距**　胸部两乳头点之间的距离。

㊲ **背宽**　背部两腋窝后点之间的距离。

✿ 第三节　服装号型与规格设计

　　服装号型标准和规格尺寸的设定是服装设计和生产的重要技术依据，对其科学合理的设定是服装生产和消费的必需。目前我国实施的是由国家质量监督检验检疫总局和国家标准化管理委员会批准，于2009年颁布实施的GB/T 1335服装号型标准，内含男子、女子和儿童三个部分。

一、服装号型标准

1.号、型的定义

"号"指人体身高，是确定服装长度部位尺寸的依据，以厘米（cm）为单位。

"型"指人体净胸围或净腰围，是确定服装围度和宽度部位尺寸的依据，以厘米（cm）为单位。

2.体型分类

在反映人体形态时，只用身高和胸围还不能够很好地反映人体形态差异，具有相同身高和胸围的人，其胖瘦形态还可能会有较大差异。因此，通过胸围和腰围的差值（简称"胸腰差"）这一指标，来反映人的胖瘦，并根据胸腰差值将人体体型分为四种类型，分别为Y、A、B、C四种体型，见表1-3-1，其中需要指出的是，这四种体型都是正常人体型。

表1-3-1 体型分类 （单位：cm）

体型分类代号	Y	A	B	C
男	22~17	16~12	11~7	6~2
女	24~19	18~14	13~9	8~4

从表中可以看出，Y体型为较瘦体型，A体型为标准体型，B体型为较标准体型，C体型为较丰满体型，从Y型到C型人体胸腰差依次减小。以我国成年人的体型来看，除大约2%的属于特体外，其余大多数人属于A、B体型，其次是Y体型，C体型最少，表1-3-2中列出了全国男女各体型人在总量中的比例。

表1-3-2 男女各体型人在总量中的比例 （%）

体型	Y	A	B	C
男子	20.98	39.21	28.65	7.92
女子	14.82	44.13	33.72	6.45

3.号型表示方法

服装号型在表示时采用上下装分开的原则。

服装号型具体表示方法：号与型之间用斜线分开，后面接体型分类代号，即"号/型 人体分类"。例如：

上装 160/84A。

服装为上装时，号型标志中的型表示人体的胸围尺寸。其中160代表号，84代表型，A代表体型分类，表示该服装尺码适合于身高为158~162 cm，胸围为82~86cm，体型为A

的人穿着。

下装 160/68A。

服装为下装时，号型标志中的型表示人体的腰围尺寸。其中160代表号，68代表型，A代表体型分类，表示该服装适合身高为158~162cm，腰围为66~70cm，体型为A的人穿着。

4.号型系列设置

（1）选定中间体　中间体也称"标准体"，是在人体测量调查中筛选出来的，具有代表性的人体数据。

成年男子中间体标准：身高170cm、胸围88cm、腰围74cm，体型特征为"A"型。

成年女子中间体标准：身高160cm、胸围84cm、腰围68cm，体型特征为"A"型。

以中间体的规格确定中心号的数值，按照各自的规格系列，推档形成全部的规格。由于中心号在各号型系列中数值基本相同，一般选为基础制图的规格。

（2）号型系列的设立

1）号型系列以各体型中间体为中心，向两边依次递增或递减组成。

2）成年男女的身高以5cm分档组成系列，胸围以4cm分档组成系列，腰围以4cm、2cm分档组成系列。

3）身高和胸围搭配组成5·4号型系列。

4）身高和腰围搭配组成5·4、5·2号型系列。

表1-3-3和表1-3-4中分别列出了占各体型总量中比例较高、覆盖面大的A体型的成年女子和男子的号型系列表，是服装设计与生产中重要的技术参考数据。

表1-3-3　女子5·4/5·2 A号型系列　　　　　　　　　　　（单位：cm）

胸围	A																					
	身高																					
	145			150			155			160			165			170			175		
	腰围																					
72				54	56	58	54	56	58	54	56	58										
76	58	60	62	58	60	62	58	60	62	58	60	62	58	60	62							
80	62	64	66	62	64	66	62	64	66	62	64	66	62	64	66	62	64	66				
84	66	68	70	66	68	70	66	68	70	66	68	70	66	68	70	66	68	70	66	68	70
88	70	72	74	70	72	74	70	72	74	70	72	74	70	72	74	70	72	74	70	72	74
92				74	76	78	74	76	78	74	76	78	74	76	78	74	76	78	74	76	78
96							78	80	82	78	80	82	78	80	82	78	80	82	78	80	82
100										82	84	86	82	84	86	82	84	86	82	84	86

表1-3-4　男子5·4/5·2 A号型系列　　　　　　　　　（单位：cm）

胸围	A																				
	身高																					
	155			160			165			170			175			180			185		
	腰围																					
72				56	58	60	56	58	60												
76	60	62	64	60	62	64	60	62	64	60	62	64									
80	64	66	68	64	66	68	64	66	68	64	66	68	64	66	68						
84	68	70	72	68	70	72	68	70	72	68	70	72	68	70	72	68	70	72	68	70	72
88	72	74	76	72	74	76	72	74	76	72	74	76	72	74	76	72	74	76	72	74	76
92				76	78	80	76	78	80	76	78	80	76	78	80	76	78	80	76	78	80
96							80	82	84	80	82	84	80	82	84	80	82	84	80	82	84
100										84	86	88	84	86	88	84	86	88	84	86	88
104													88	90	92	88	90	92	88	90	92

二、服装规格设计

1.服装规格尺寸

服装的规格尺寸是在人体测量的净尺寸基础上加放松量后得到的，也是服装的实际成品尺寸。一般都需要根据具体的服装款式在人体净尺寸的基础上加放一定的宽松量，其后所得到的数据，才能用来进行服装裁剪制图。

服装加放的松量也叫作"宽松量"或"放松量"，它体现了服装与人体之间的依存关系。服装作为人体的第二层皮肤，既要与人体形态相适应，又要与人体体表保持一定的间隙量。因此，服装松量的设定不仅涉及服装的造型，还关系到服装不同的穿着状态和运动机能，如合体、紧身、宽松，是否便于抬臂、踢腿、大跨步等。表1-3-5和表1-3-6分别列出了我国服装业衣长量取和围度放松量的经验数值，对于服装规格尺寸的设定有一定的参考价值。

表1-3-5　服装衣长量取标志　　　　　　　　　（单位：cm）

品类	衣长	袖长	品类	衣长	袖长
女长衬衫	虎口上3	虎口上3	短大衣	中指头齐	拇指中节
男长衬衫	齐虎口	虎口上2	中大衣	齐膝	拇指中节
茄克衫	虎口上2	虎口上2	长大衣	膝下10	拇指中节
女西服	腕下3或至虎口	虎口上2	旗袍	膝下10~15	虎口上2
男西装	齐虎口	虎口上2	连衣裙	膝下0~15	1/3长袖
中山装	虎口下2	齐虎口	西装裙	膝下0~5	
长裤	离地3		短裤	膝上10~15	

表1-3-6　服装围度放松量　　　　　　　　　　　　（单位：cm）

品类	主要围度的放松量			
	胸围	腰围	臀围	领围
女衬衫	10 ~ 16			2
男衬衫	12 ~ 20			2 ~ 3
茄克衫	15 ~ 22			3
西服	10 ~ 16		12	
大衣	15 ~ 28			10
长裤		2 ~ 4	10 ~ 15	
西装裙		0 ~ 2	7 ~ 10	
旗袍	10 ~ 13			2
连衣裙	10 ~ 15	6 ~ 10	10 ~ 30	2

2. 服装规格设计要点

服装规格设计，是以服装号型标准为基础，从以下几方面进行的。

（1）了解服装品类特点　了解服装的具体品类、穿着对象的特点等，在弄清这些特性后才能合理进行结构设计，确定服装的放松量，使服装穿着合体、适穿、舒适、宜活动，能够满足特定的设计需求。

（2）了解体型特征及特殊穿着条件的变化规律　在制定服装规格中有意识地调整某些部位尺寸，以达到修饰体型、美化人体的功能。

（3）熟悉服装款式造型特点　在制定服装规格时，要熟悉服装款式的造型特点。不同服装款式，其造型千变万化，每类典型风格都有其特定的结构特征，如喇叭裤，根据裤口大小又可分为大喇叭裤、中喇叭裤、微喇叭裤等。当前流行的或紧身，或超大，或中性等不同风格及各类局部夸张等造型的服装，它们都以人体净尺寸为规格设计基础，但又不循规蹈矩，在结构上创造出很多新颖造型和新奇的着装效果。

3. 常用服装规格标示方法

标示服装规格时，一般选用最具有代表性的一个或几个关键部位尺寸来标示。常用的标示方法有以下几种：

（1）号型标示法　选择身高、胸围或腰围为代表部位的净尺寸来标示服装的规格，是最常用的服装规格表示方法，如上衣160/84A。

（2）领围标示法　以成品服装的领围尺寸为代表来标示服装的规格。男衬衫的规格常用此方法标示。如39、40、41号，分别代表衬衫的领围为39cm、40cm、41cm。

（3）**代号标示法**　以服装规格大小分类，用不同代号简单标示的方法。它适用于合体性要求比较低的一些服装，如用S、M、L、XL、XXL等标示，其中S代表小号、M代表中号、L代表大号、XL代表特大号、XXL代表超特大号。

（4）**胸围标示法**　以成品服装的胸围尺寸来标示服装的规格。它适用于贴身内衣、运动衣、羊毛衫等一些针织类服装。如90cm、100cm、105cm等，分别表示成品服装的胸围尺寸。

第二章

服装制图基础知识 👕•

🔘 第一节 服装制图常用工具

服装制图时常用各类尺子、纸、笔、裁剪剪刀、划粉等多种工具。

一、裁剪制图用尺

尺子作为测量长度和制图的工具，有直尺、三角板、弯尺、比例尺、软尺、蛇形尺、曲线板等多种，如图2-1-1所示。

（1）**直尺** 服装制图时用于长直线的测量和绘制，质地有木质和有机玻璃。因为有机玻璃尺透明，制图线可以不被遮挡，刻度清楚，伸缩率小，准确性强，成为首选工具。直尺长度有20cm、30cm、50cm、100 cm等多种规格，绘图时常用50cm规格的直尺。

（2）**三角板** 服装制图时主要用于垂直相交线段的绘制。规格不同的三角板分别用于大图和缩图的绘制。

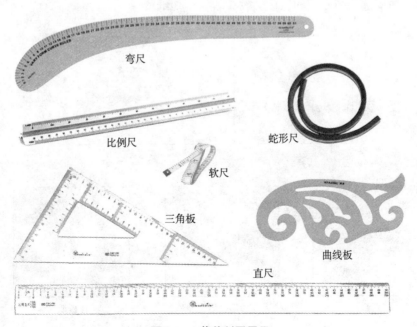

弯尺

比例尺

蛇形尺

软尺

三角板

曲线板

直尺

图2-1-1 裁剪制图用尺

（3）**弯尺** 服装制图时主要用于侧缝、袖窿等弧线的绘制。

（4）**比例尺** 服装制图时用来度量长度，其刻度可按长度单位缩小或放大若干倍。

（5）**软尺** 量体时用来测量身体各部位，画图时可以用来测量弧线和直线的长度。

（6）**蛇形尺** 又称蛇尺、自由曲线尺，尺身非常柔软，是一根可在同一平面内任意扭动弯曲的尺子，其内芯为扁形金属条，外层包裹橡胶。常用于测量人体曲线或制图中弧线的长度。

> **知识拓展：服装制图**
>
> 服装制图亦称"裁剪制图"，指对服装结构通过分析计算在纸张或布料上绘制出服装结构线的过程，主要包括了净缝制图、毛缝制图、排料图等。
>
> 净缝制图是按照服装成品的尺寸制图，图样中不包括缝份和贴边。
>
> 毛缝制图是在净缝制图的基础上加放缝份和贴边，裁剪时不需另放缝份和贴边。
>
> 排料图是辅助排料裁剪时进行样板套排的图纸，一般采用1:10的缩比绘制，图中标示出衣片的数量、经纬方向、布料的门幅及用料长度等。

（7）**曲线板** 绘制袖窿、领圈、裆缝等曲线时使用的薄板状工具。

二、裁剪制图用纸、笔（图2-1-2）

（1）**绘图笔** 绘制墨线时的笔，其根据所画线型的宽度有0.3cm、0.6cm、0.9cm等多种规格。

（2）**铅笔、橡皮** 制图时，绘制基础线时选用H或HB型铅笔，绘制结构线时用B或2B型铅笔。橡皮选绘图专用的橡皮，较柔软，不伤纸。

绘图笔

铅笔、橡皮

划粉

消失笔

样板纸

图2-1-2 裁剪制图用纸、笔

（3）**划粉** 用于在布料上绘制裁剪制图的工具，也可用于缝纫时做记号，有多种颜色。

（4）**消失笔** 可代替划粉使用，制图时根据自己的需要选适合的颜色，颜色消退的时间快慢与书写的材质及温度、湿度等外界环境有关。

（5）**样板纸** 制图时用的硬质纸，由多张牛皮纸经热压粘合而成。一般家庭制图时用牛皮纸，纸分克数，克数越小纸就越薄。

三、其他裁剪制图工具（图2-1-3）

（1）**裁剪剪刀** 裁剪纸样或布料的工具。它是缝纫专用的剪刀，有24 cm（9″）、28cm（11″）和30cm（12″）等几种规格，刀身较长，刀柄较短，手握舒适。

（2）**锥子** 在制版时，锥子用来在需要做记号的部位扎一个小孔来定位，如袋位、省位、褶位等。

（3）**描线器** 在样板和衣片上做标记用的工具，也能够将一定厚度的纸样描绘到另一层纸上。手工制作时可先用压布轮压出缝的轨迹，再沿着压好的轨迹手缝或剪布。

（4）**工作台** 裁剪、缝纫时用的工作台面。一般长120~150cm、宽80~100cm，高80~85cm，台面要求平整。

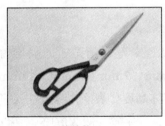 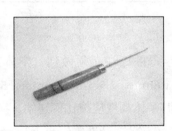 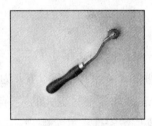

裁剪剪刀　　　　　　　　锥子　　　　　　　　描线器

图2-1-3　其他裁剪制图工具

⚫ 第二节　服装制图规则

一、制图比例

服装制图的比例可根据需要而不同。表2-2-1中列出了制图比例的分档规定。

表2-2-1　制图比例

原值比例	1:1
缩小比例	1:2　1:3　1:4　1:5　1:6　1:10
放大比例	2:1　4:1

二、制图线及画法

服装制图中常用到的线条有粗实线、细实线、粗虚线、细虚线、点划线、双点划线六种。表2-2-2中列出了裁剪图线的形式和用途。

表2-2-2　制图线及画法

序号	图线名称	图线形式	图线宽度/mm	图线用途
1	粗实线	━━━━━━	0.9左右	服装和零部件轮廓线、部位轮廓线
2	细实线	────────	0.3左右	图样基本线、尺寸线和尺寸界线、引出线
3	粗虚线	━ ━ ━ ━ ━	0.9左右	背面轮廓影示线
4	细虚线	- - - - - - -	0.3左右	缝纫明线
5	点划线	─ · ─ · ─ · ─	0.3左右	对折线
6	双点划线	─ ·· ─ ·· ─	0.3左右	折转线

三、字体

制图中的文字、数字、字母的标注必须做到：字体工整、笔画清楚、间隔均匀、排列整齐。字体高度（h）为1.8mm、2.5mm、3.5mm、5mm、7mm、10mm、14mm、20mm，如需书写更大的字，其字体高度应按比例递增，字体高度代表字体号数。汉字应写成长仿宋体，并采用规范汉字。汉字高度不应小于3.5cm，其字宽一般为h/1.5。字母和数字可以写成斜体和正体，斜体字一般字头向右倾斜，与水平方向成75°，用作分数、偏差、注脚等的数字和字母，一般采用小一号字体。

四、尺寸标注

制图时在图样上标注服装各部位和部件的实际尺寸数值，一般以厘米（cm）为单位。尺寸线用细实线绘制，其箭头两端指到尺寸界线。制图结构线不能代替标注尺寸线。

标注直距离尺寸时，尺寸数字一般应标注在尺寸线的左面中间，如直距离尺寸位置小，应将轮廓线的一端延长，另一端将对折线引出，在上下箭头的延长线上标注尺寸数字。标注横距离的尺寸时，尺寸数字一般应标注在尺寸线的上方中间，如横距离尺寸位置小，需用细实线引出，标注尺寸数字。

尺寸数字线不能被任何图线所通过，当无法避免时，必须将尺寸数字线断开，用弧线表示，尺寸数字就标注在弧线断开的中间。

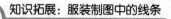

知识拓展：服装制图中的线条

1. 基础线：指结构制图过程中使用的纵向和横向的基础线条，上衣常用的横向基础线有基本线、衣长线、落肩线、胸围线、袖窿深线等线条；纵向基础线有止口直线、搭门直线、撇门线等。下装常用的横向基础线有基本线、裤长线、横裆线等；纵向基础线有侧缝直线、前裆直线、前裆内撇线等。

2. 轮廓线：指构成服装部件或成型服装的外部造型的线条，简称"廓线"。如领部轮廓线，袖部轮廓线、底边线、烫迹线等。

3. 结构线：能引起服装造型变化的服装部件外部和内部缝合线的总称。如止口线、领窝线、袖窿线、袖山弧线、腰缝线、上裆线、底边线、省道、褶裥线等。

第三节　服装制图常用术语

为了服装制图的规范与交流，下面以2009年修订颁布的《服装术语》（GB/T 15557—2008）国家标准为基础，介绍一些服装制图的常用术语。

（1）**净样**　服装实际尺寸，不包括缝份、贴边等。

（2）**毛样**　裁剪尺寸，包括缝份、贴边等。

（3）**画顺**　光滑圆顺地连接直线与弧线、弧线与弧线。

（4）**眼刀**　在裁片的外口某部位剪一个小缺口，起定位作用。

（5）**缝份**　又称缝头，指制图轮廓线以外另加的缝份部分。

（6）**门襟**　衣片的锁眼边。

（7）**里襟**　衣片的钉纽边。

（8）**叠门**　门襟和里襟相叠合的部分。

（9）**止口**　指衣片边缘应做光洁的部位。如叠门与挂面的连接线。

（10）**挂面**　上衣门襟、里襟反面的贴边。

（11）**过肩**　也称复势、育克，一般常用在男女上衣肩部上的双层或单层布料。

（12）**驳头**　挂面第一粒纽扣上段向外翻出不包括领的部分。

（13）**驳口**　驳头里侧与衣领的翻折部位的总称。

（14）**领窝**　前后衣身与衣领缝合的部位。

（15）**门襟止口**　门襟的边沿，有连止口和加挂面两种形式。

（16）**扣眼**　纽扣的眼孔。有锁眼和滚眼两种。

（17）**眼距**　扣眼间的距离。

（18）**塔克**　将衣料折成连口后缉成细缝，起装饰作用。

（19）**领上口**　领子外翻的翻折线。

（20）**领下口** 领子与衣身领窝的缝合部位。

（21）**领外口** 领子的外沿部位。

（22）**领座** 领子自翻折线至领下口的部分。

（23）**翻领** 领子自翻折线至领外口的部分。

（24）**领串口** 领面与挂面的缝合部位。

（25）**领豁口** 领嘴与领尖间的最大距离。

（26）**省** 又称省缝，根据人体曲线形态所需缝合的部分。有肩省、领省、袖窿省、侧缝省、腰省、胁下省、肚省。

（27）**褶** 为符合体型及造型需要，将部分衣料缝缩而形成的褶皱。

（28）**裥** 根据人体曲线所需，有规则折叠或收拢的部分。

（29）**克夫** 又称袖头。缝接于袖子的下端，一般为长方形袖头。

（30）**分割缝** 根据人体曲线形态或款式要求而在上衣片或裤片上增加的结构缝。

（31）**叉** 为服装的穿脱行走方便及造型需要而设置的开口形式。

（32）**袖山** 衣袖与衣身袖窿缝合的部位。

（33）**袖缝** 衣袖的缝合部位。

（34）**大袖** 衣袖的大片。

（35）**小袖** 衣袖的小片。

（36）**袖口** 衣袖下口边沿部位。

（37）**口袋** 插手或盛装物品的部件。

（38）**袢** 具有扣紧、牵吊等功能和装饰作用的部件。

（39）**腰头** 与裤身、裙身腰部缝合的部件。

（40）**劈势** 直线的偏进，如上衣门里襟上端的偏进量。

（41）**翘势** 水平线的上翘（抬高），如裤子后翘，指后腰缝线在后裆缝线处的抬高量。

（42）**困势** 直线的偏出，如裤子侧缝困势，指后裤片在侧缝线上端处的偏出量。

（43）**上裆** 腰头上口至裤腿分叉处之间的部位。

（44）**中裆** 脚口至臀部的1/2处左右。

（45）**下裆** 横裆至脚口之间的部位。

第四节　服装制图符号、代号及结构线

一、服装制图符号

常见服装制图符号见表2-4-1。

表2-4-1　服装制图符号

序号	符号形式	名称	说明
1	○△□……	等量号	尺寸大小相同的标记符号
2	△ 2	特殊放缝	与一般缝份不同的缝份量
3		单阴裥	裥底在下的折裥
4		扑裥	裥底在上的折裥
5		单向折裥	表示顺向折裥自高向低的折倒方向
6		对合折裥	表示对合折裥自高向低的折倒方向
7		等分线	表示分成若干个相同的小段
8		直角	表示两条直线垂直相交
9		重叠	两部件交叉重叠及长度相等
10		斜料	有箭头的直线表示布料的经纱方向
11		经向	单箭头表示布料经向排放有方向性，双箭头表示布料经向排放无方向性
12		顺向	表示折裥、省道、复势等折倒方向，意为线尾的布料应压在线头的布料之上
13		缉双止口	表示布边缉缝双道止口线
14		拉链安装止点	表示拉链安装的止点位置
15		缝合止点	除缝合止点外，亦表示缝合开始的位置，附加物安装的位置
16	⊗ ◎	按扣	内部有叉表示门襟上用扣。两者成凹、凸状，且用弹簧固定
17		钩扣	长方形表示里襟用扣，两者成钩合固定
18		开省	省道的部分需要剪去
19		折倒的省道	斜向表示省道的折倒方向
20		分开的省道	表示省道的实际缉缝形状
21		拼合	表示相关布料拼合一致

（续）

序号	符号形式	名称	说明
22		敷衬	表示敷衬，斜线不分方向
23		缩缝	用于布料缝合时收缩
24		归拢	表示需要熨烫归拢的部位
25		拔开	表示需要熨烫拉伸的部位
26	$-n$	拉伸	n为拉伸量，表示该部位长度需要拉长
27	$+n$	收缩	n为收缩量，表示该部位长度需要缩短
28		扣眼	两短线间距离表示扣眼大小
29		钉扣	表示钉扣的位置
30		合位	表示缝合时应对准的部位
31	（前）　（后）	对位记号	表示相关衣片的两侧做对位记号
32	或	部件安装的部位	表示部件安装的部位
33		串带安装位置	装串带的位置
34		钻眼位置	表示裁剪时需钻眼的位置

二、服装制图代号

常见服装制图代号见表2-4-2。

表2-4-2　服装制图主要部位代号

序号	部位	代号	序号	部位	代号
1	总长度	L	5	臀围	H
2	胸围	B	6	肩宽	S
3	领围	N	7	前胸宽	FBW
4	腰围	W	8	后背宽	BBW

（续）

序号	部位	代号	序号	部位	代号
9	前衣长	FL	23	胸高点	BP
10	后衣长	BL	24	袖隆	AH
11	胸围线	BL	25	袖山	ST
12	腰围线	WL	26	袖长	SL
13	臀围线	HL	27	袖口	CW
14	领围线	NL	28	袖肥	BC
15	前中心线	FCL	29	裤长	TL
16	后中心线	BCL	30	脚口	SB
17	肘线	EL	31	裙摆	SH
18	膝盖线	KL	32	前裆	FR
19	颈肩点	SNP	33	后裆	BR
20	颈前点	FNP	34	上裆长	CD
21	颈后点	BNP	35	底领高	BH
22	肩端点	SP	36	翻领宽	TCW

三、常见服装结构线的名称

1. 裤子结构线（图2-4-1）

裤子结构线主要有腰围线、臀围线、横裆线、脚口线、前腰缝线、后腰缝线、前臀宽线、后臀宽线、前裆弧线、后裆弧线、腰省、前烫迹线、后烫迹线、前侧缝线、后侧缝线、前内缝线、后内缝线等。

2. 上衣结构线（图2-4-2）

衣片结构线主要有后领弧线、肩线、袖隆弧线、胸宽线、背宽线、侧缝线、底边线、后背缝线、驳领止口线等。袖子结构线主要有袖山弧线、袖缝线、袖口线、袖深线、袖中线、袖肘线等。领子结构线主要有领座下口线、领座上口线、翻领外口线、后领中线、领嘴线等。

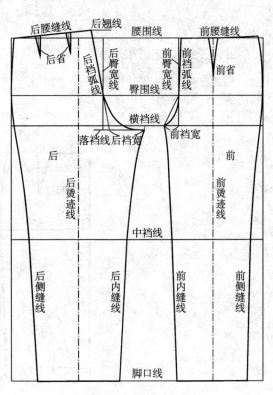

图2-4-1 裤子结构线

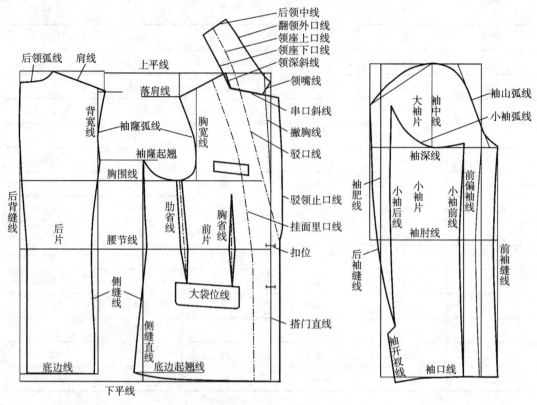

图2-4-2　上衣结构线

3. 裙子结构线（图2-4-3）

裙子结构线主要有前腰围线、后腰围线、臀围线、下摆线、前中心线、后中心线、前腰省、后腰省等。

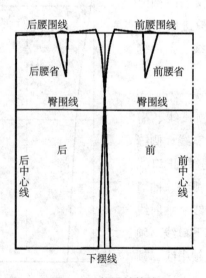

图2-4-3　裙子结构线

第五节　服装制图流程

一、了解服装款式特点

（1）**明确服装基本品类**　制图前，先了解服装品类、穿着对象，再弄清这些品种的特性后，才能进行准确的制图。

（2）**具体分析款式特点**　确认服装的款式细节，如具体的领型、袖型、口袋等式样的特点。不同的式样对应特定的制图方法。

（3）**分析服装的整体与局部的造型**　不同比例、结构的外形轮廓，形成了服装不同的造型。如服装局部肩的宽度，腰部的松量，下摆的造型等，任一部位变化，服装的整体造型即发生变化。不同造型要求有不同的制图上的处理。

二、设定服装制图尺寸规格

（1）**以服装的号型规格为基础**　服装的号型反映了人体的高度和主要的围度，概括说明了服装的长短和肥瘦规格，是进行服装长短和肥瘦制图的依据。

（2）**设定主要部位的规格**　结合服装款式，设定服装各部位的长度，如衣长、袖长、裤长、裙长等，可以按设计制作的要求量出。表1-3-5列出了常见服装成品的衣长量取标志，可参考。

结合服装款式，设定服装各部位的围度尺寸，如胸围、腰围、臀围、膝围、下摆大等。围度尺寸既关系到服装的造型，又关系到穿着的舒适程度，表1-3-6列出了常见服装品类的围度放松量，可参考。

三、绘图步骤

1. 先画面料图，后画辅料图

辅料的制图是以面料的纸样制图为基础的。制图时，应先画好面料的结构图，然后再根据面料的纸样来绘制辅料的纸样，如夹里、衬、嵌条、滚条等。

2. 先画主部件，后画零部件

制图时，先画主要部件，再画零部件。如上装先画前后衣片、大小袖片等，再将其他的零部件如领子、口袋、袋盖、挂面、腰头、袖头、袋垫、嵌条等后续画出，整个制图过程保证各纸样尺寸的协调。

3. 先定长度，再定宽度，后画弧线

制图时，绘制基础线一般采用先横后纵，即对于某一衣片（或裤片）制图的顺序一般是先定长度，如衣片的底边线、上平线、落肩线、胸围线、腰节线、领口深线等；再定宽度，如衣片的领口宽线、肩宽线、胸（背）宽线、胸围大等；这样这一衣片的大小已基本画定。制图时一定要做到长度与宽度的线条互相垂直，也就是面料的经向与纬向相互垂直。最后根据体型及款式的要求，将各部位用弧线连接画顺。

4. 先画基础线，再画外轮廓线，后画内部结构线

制图时，先根据设定尺寸画出长度、宽度方向的基础线，然后在基础线内绘制出内部结构，如袋位、扣位、省道、褶裥或分割线的位置等。要注意衣片的内部结构也要按一定顺序制图，否则就不可能正确制图。例如中山服的前衣片内部结构制图时，一定要先定出扣眼位，再画胸袋、胸腰省，然后才能定出大袋位，最后画肋省。

5. 先净样，后毛样

画好纸样的净样后，再根据设计要求和缝制工艺加放缝份等制成毛样。毛样才是用作服装排料画样的裁剪纸样。

第三章

服装材料基础知识 👕 •

知识拓展：服装材料的种类

随着社会的发展和科技的进步，当前服装材料的品种得到了极大的丰富和发展，它们种类繁多，特性各异。作为构成服装的物质基础，服装材料呈现出的质地、手感、透气、舒适等多种特性直接影响服装的穿着与消费。

根据服装材料在构成服装中的地位与作用，可将其主要分为服装面料和服装辅料两大类。

🔘 第一节　常用服装面料

服装面料应用于服装的外层，它是构成一件服装的主体，其材质、风格、颜色等都将会影响服装成品的效果。目前常用的服装面料包括纺织类面料和皮毛等特殊面料。

一、服装面料的分类

服装面料材质众多、工艺多样、分类标准不一。可以参见表3-1-1纺织类服装面料的分类，进行初步了解。

表3-1-1　纺织类服装面料的分类

分类方法	类别	特点
按加工方法分	1.机织物	经纬向纱线在织机上按一定规律交织而成，常见的交织方式有平纹、斜纹和缎纹三种基础组织形式，以及由此而成的变化组织和复杂组织，从而形成外观各异、风格不同的各类织物
	2.针织物	纱线经过编织机形成线圈后再相互串套而成。根据纱线成圈穿套形式的不同，分为纬编针织物和经编针织物
	3.非织造物	纺织纤维不用传统的纺纱、织造等工艺，而经一些粘合、熔合等化学、机械方法加工而成

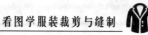
（续）

分类方法	类别	特点
按纱线原料分	1.纯纺织物	由同一种纯纺纱线织成，主要有棉织物、毛织物、丝织物、麻织物、化纤织物
	2.混纺织物	由两种或两种以上纤维混纺成纱而织成
	3.交织物	由不同原料或类型的经纱与纬纱交织而成
按织物风格分	1.棉型织物	由棉纱或棉型纱线织成，织物具有棉型感，手感柔软、外观朴实自然
	2.毛型织物	由毛或毛型纱线织成，织物具有毛型感，手感蓬松、柔软、丰厚，保暖性好
	3.中长纤维织物	由中长纤维纱线织成，织物大多做成仿毛型
	4.长丝织物	由长丝纤维织成，织物表面光洁、手感柔滑、悬垂性好、色泽鲜艳
按印染加工分	1.原色织物	未经印染加工的本色布
	2.漂白织物	本色坯布经煮练、漂白后形成的织物
	3.染色织物	经染色加工形成的有色织物，主要以单色为主
	4.色织物	用先经过染色的纱线织成的各种条、格及提花织物
	5.印花织物	经印花加工表面有花纹图案的织物
	6.其他新型织物	经其他工艺如轧花、发泡起花、植绒等后整理而成的织物

🔍 **知识拓展：服装用毛皮与皮革**

　　生活中还有许多服装，尤其是冬季服装采用了经过加工的动物皮毛来制作。动物皮毛经过加工处理制成两大类外观不同的材料，一类是带毛制成的动物皮，称为毛皮，也称裘皮或皮草，常见品种有狐狸皮、貉子皮、紫貂皮、水獭皮、羊皮、兔皮等；另一类是光面皮板或绒面皮板，称为皮革，常见品种有猪皮、羊皮、牛皮、马皮、鹿皮、蛇皮、鳄鱼皮等。

　　当然，除了天然皮料以外，随着人们环保生态意识的提高，各种人造毛皮和皮革产品开发出来，满足人们不断增长的需求。例如，目前市场上流行的人造绒面革，它的外观不仅很像天然麂皮，而且柔软轻便、绒毛细密、透气性良好，是非常不错的仿革服装材料。

二、纺织纤维的特性

　　纺织纤维是织造服装面料的主要原料。从生产实践的角度，只有满足下列条件的纤维才能称作纺织纤维：

① 有一定细度、长度和强度。

② 有一定的可挠曲性，即抵抗弯曲变形的能力，并且纤维间能互相抱合。

③ 有一定化学稳定性，可耐热、酸、碱等。

④ 有一定的服用性能，如吸湿性、透气性、保暖性等要满足人体需要。

目前常见的纺织纤维有天然纤维和化学纤维两大类。天然纤维是自然界存在的，可以直接获得的纤维，主要有棉、毛、麻、丝等纤维；化学纤维是后天由人工加工制成的纤维状物质，又可分为人造纤维和合成纤维两大类，其中人造纤维主要有粘胶纤维、醋酯纤维、铜氨纤维、莫代尔纤维、莱赛尔纤维，合成纤维主要有锦纶纤维、涤纶纤维、维纶纤维、腈纶纤维、氨纶纤维、丙纶纤维等。表3-1-2为常见纺织纤维的特性。

表3-1-2 常见纺织纤维特性

纤维种类	特性
棉纤维	吸湿性好，湿态强度高，耐洗涤，手感柔和，但弹性差，易起皱
麻纤维	吸湿透气，导热性良好，湿态强度高，耐洗涤，伸缩性差，易起皱
羊毛纤维	保暖性、保湿性好，吸湿性好，有弹性和可塑性，染色性良好，但不耐碱
蚕丝纤维	具有独特的丝绸光泽，手感滑爽柔和，弹性好，不耐碱，怕日晒
粘胶纤维	吸湿性、染色性良好，弹性差，不耐洗涤
醋酯纤维	具有丝纤维的光泽和手感，有弹性，热可塑性好，不太耐酸碱，抗静电，不易皱
铜氨纤维	滑爽柔和，吸湿性良好，但湿态强度小，不耐洗涤
莫代尔纤维	手感非常柔软，弹性良好，重量轻，吸湿性好，抗静电
莱赛尔纤维	别名"天丝"，环保型面料，强度高，光泽柔和，强度大
涤纶纤维	强度大，耐穿耐磨，不易起皱，耐热性好，具有热可塑性，但易起球，吸湿性差
锦纶纤维	强度高，纤维轻，耐磨且不易皱缩，耐碱性强
腈纶纤维	染色性好，有毛型感，易起球，耐热性差，吸湿性差
维纶纤维	吸湿性好，但不耐湿热，耐磨，强度高
丙纶纤维	强度高，纤维轻，耐药性好，但染色性、耐热性差
氨纶纤维	有弹力，伸缩性大，但不耐漂白

知识拓展：经纱与纬纱

在机织面料中，平行于织物长度方向的纱线称为经纱，平行于宽度方向的纱线称为纬纱。

机织面料在织造时经、纬纱的密度对面料性能影响较大。经密（或纬密）对应着经纱（或纬纱）在单位长度内排列的纱线根数，密度越大，织物越紧实丰满，反之越稀疏松懈。

三、常用机织面料

机织面料也称梭织面料。它是用经纱和纬纱按照一定的织造规律在织机上相互交织而成。机织面料织造时调整经、纬纱线的原料、纱支密度、织造规律等，就能织出外观各异，性能不同的面料。机织面料具有尺寸稳定、布身平整的特点，适合服装的剪裁，目前机织面料占到服装面料市场的七成以上。下面按照面料风格来介绍。

1. 棉布类面料

棉布类面料包含用纯棉、纯化纤或混纺纱织成的棉型织物。棉布类面料具有色泽鲜艳、柔软、吸湿透气、穿着舒适、易皱、缩率大等特性。根据交织方式的不同主要有平纹类、斜纹类、缎纹类、起绒类、起泡类、色织类等面料品种。下面为部分品种介绍。

（1）平布（图3-1-1a） 平纹类面料。它采用平纹组织织造，其经纱和纬纱的密度相近或相等，布面平整、光洁、弹性差。因其织造时采用棉纱的粗细不同，又分为粗布、市布和细布三类。粗布布身结实，可做工装、茄克等；市布是平布中的大类品种，主要做被单等；细布布身光洁平滑、手感柔韧，可做夏季衬衫等。

（2）府绸（图3-1-1b） 平纹类面料。多采用纯棉或涤棉纱线平纹织造，经纱密度大于纬纱密度，密度比约为2:1。府绸布面细密紧致，光洁匀整，布面有细密菱形突起，光泽莹润有丝绸感。主要用作夏季衬衫面料。

（3）麻纱（图3-1-1c） 平纹类面料。布面采用变化平纹组织织造，布面经向呈现宽窄不同凸条外观，布身平挺、轻薄滑爽，透气舒适，外观像麻织物。主要用作夏季各类服装。

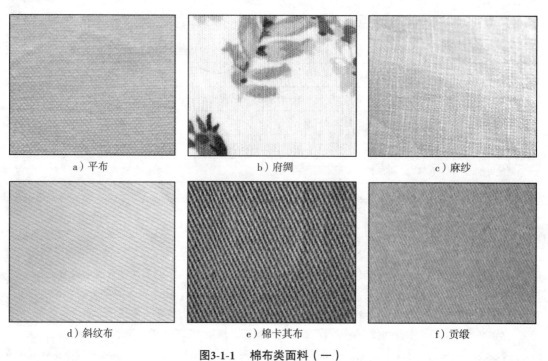

a）平布   b）府绸   c）麻纱

d）斜纹布   e）棉卡其布   f）贡缎

图3-1-1　棉布类面料（一）

（4）**斜纹布**（图3-1-1d） 斜纹类面料。采用斜纹组织织造，布身正面斜纹倾斜线明显，为45°左斜纹，反面条纹不清晰。布身平实细密，手感比平布松软，适合做便装、童装、床上用品等。

（5）**棉卡其布**（图3-1-1e） 斜纹类面料。它是棉布类斜纹织物中紧密度最大的一种，有双面卡其（双面斜纹）和单面卡其（单面斜纹）两种。布面呈现细密清晰的倾斜纹路，厚实挺括，耐穿但不耐磨，适合做各种制服、工装、风衣、茄克等。

（6）**贡缎**（图3-1-1f） 缎纹类面料。贡缎有横贡缎和直贡缎两种，横贡缎采用纬面缎纹组织织成，布面润滑，手感柔软，有光泽，很像绸缎，适合做女装外套、衬衫等；直贡缎采用经面缎纹组织织成，质地紧密厚实，手感柔软，光洁平整，适合做外套、被面和鞋面等。

（7）**绒布**（图3-1-2a） 起绒类织物。布身表面经过拉绒整理后的平纹或斜纹棉织物，分单面绒和双面绒两种。绒布表面纤维蓬松，布身柔软丰厚，触感细腻温暖，吸湿透气，保暖性好，适合做贴身内衣、睡衣等。

（8）**灯芯绒**（图3-1-2b） 起绒类织物。灯芯绒也称条绒，织物表面呈现出条状排列的耸立的绒毛，外形酷似灯芯草，故得名。灯芯绒布面绒条圆润饱满，手感厚实，绒毛较耐磨，适合做秋冬季外衣、鞋帽面料等。

（9）**牛津布**（图3-1-2c） 色织类织物。牛津布也称牛津纺，它采用变化平纹组织织成。曾流行于英国牛津地区，故得名。布身多采用染色经纱和漂白纬纱交织，形成双色效应，条纹清晰匀称、布身柔软，透气性好，穿着舒适，适合做衬衣、休闲装、睡衣等。

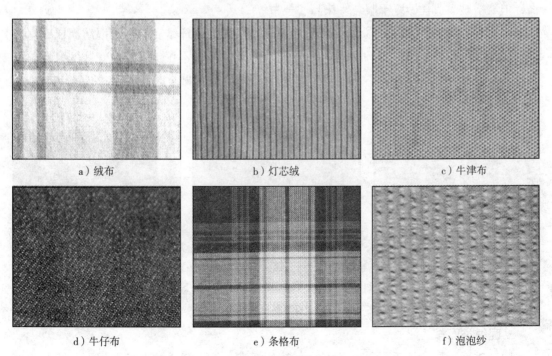

a）绒布 b）灯芯绒 c）牛津布

d）牛仔布 e）条格布 f）泡泡纱

图3-1-2 棉布类面料（二）

（10）**牛仔布**（图3-1-2d） 色织类织物。牛仔布也称劳动布，粗经面斜纹织物。经纱采用靛蓝染色纱，纬纱为本色纱，布面呈现倾斜纹路，纹路清晰流畅，布身紧密厚实，织物硬挺，坚固耐穿，适合做各式牛仔装。

（11）**条格布**（图3-1-2e） 色织类织物。条格布在织造时经纬纱线一般采用两种或两种以上的颜色，花型多为条子和格子。织物条格清晰、花色丰富、配色明朗，适合做夏季服装、家居服和衬布等。

（12）**泡泡纱**（图3-1-2f） 起泡类织物。泡泡纱是采用细布加工而成，它的表面呈现出凹凸不平的泡泡状，外观造型别致新颖，具有穿着不沾身，凉爽透气的特点，适合做夏季各式服装。

2. 麻布类面料

麻布类面料包含用纯麻、麻纤维与其他纤维混纺而织成的麻型织物。麻布类面料具有吸湿散湿快，透气性良好，断裂强度高等特点。它比棉布类面料手感硬挺粗糙，织物保型性差，易起皱。麻纤维还具有防菌防蛀的卫生保健功能。麻布类面料主要有夏布、亚麻布、麻的确良等。

（1）**夏布**（图3-1-3a） 传统的夏布是采用苎麻纤维织成的平纹布。苎麻布强力大，手感挺爽，吸湿透气性良好，穿着透凉爽滑。织造时，布身表面常常有不规则的纱节，形成了独特的麻布风格。主要用于做床品、夏季服装等。

（2）**亚麻布**（图3-1-3b） 亚麻布多采用平纹组织织成，布身表面有粗细不均的条纹痕迹，并有纱节夹杂。亚麻布风格粗犷，挺括，吸湿透气性好，穿着舒适凉爽，易洗涤，但易褶皱。适合做夏季服装、床品、台布等。

（3）**麻的确良**（图3-1-3c） 麻的确良面料采用涤纶纤维和麻纤维混纺而成，也称"涤/麻细布"。通过混纺两种纤维，性能得到互补，面料不仅保持了麻织物的特点，而且改善了易皱易磨损的不足，轻薄透气，挺爽舒适，适合做夏装、春秋季外衣、窗帘、台布等。

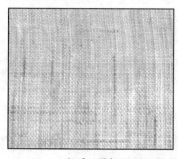

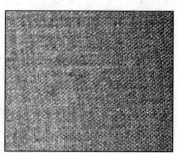

a）手工夏布　　　　　　　　b）亚麻布　　　　　　　　c）麻的确良

图3-1-3　麻布类面料

3. 呢绒类面料

呢绒类面料包含用毛纤维、毛纤维与其他纤维混纺而织成的毛型织物。呢绒类面料主要采用羊毛纤维，按照生产工艺的不同，分为精纺呢绒和粗纺呢绒两类。精纺呢绒采用较长羊毛纤维，呢绒较轻薄，呢面平整光洁、织纹清晰、光泽柔和，手感滑糯柔软，有一定身骨，滑爽挺括，弹性较好，主要品种有毛哔叽、啥味呢、毛华达呢、凡立丁、派力司、花呢、巧克丁、女衣呢、贡呢、马裤呢、驼丝锦等。粗纺呢绒采用较短毛纤维，呢身较厚重，呢面有或长或短绒毛覆盖，手感柔软、丰厚蓬松，织物品种多，质地风格丰富多彩，主要品种有粗花呢、大衣呢等。下面为部分品种介绍。

（1）**凡立丁**（图3-1-4a）　凡立丁属于薄型平纹毛织物，是夏季高级衣料。呢面织纹清晰，光洁均匀，不起毛，质地挺爽轻薄，有弹性，多为素色，适合做夏季上衣、春秋季裤和裙装等。

（2）**毛哔叽**（图3-1-4b）　毛哔叽属于双面斜纹面料，斜纹角度约45°。布身纹路较宽，表面平整，身骨适中，手感软糯，以藏青色和黑色最为普遍，适合做各式春秋季服装。

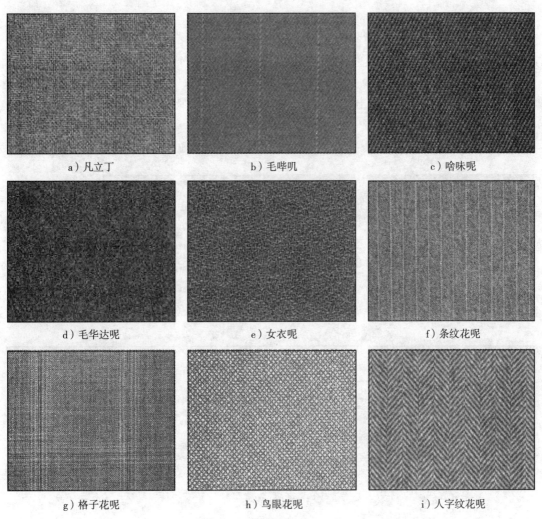

a）凡立丁　　　　　　　b）毛哔叽　　　　　　　c）啥味呢

d）毛华达呢　　　　　　e）女衣呢　　　　　　　f）条纹花呢

g）格子花呢　　　　　　h）鸟眼花呢　　　　　　i）人字纹花呢

图3-1-4　呢绒类面料（一）

（3）哈味呢（图3-1-4c） 哈味呢也属于双面斜纹面料，斜纹角度约50°，通常由深色毛纤维和浅色毛纤维混合织成。呢身正反面有短且丰满的绒毛覆盖，布身底纹隐约可见，外观雅致，光泽自然柔和，手感软糯，不粗糙，适合做男女西装、外套等。

（4）毛华达呢（图3-1-4d） 毛华达呢属于厚斜纹织物，有单面、双面等几种，布面纹路清晰，倾斜呈63°左右，手感厚实，滑糯而紧密，富有弹性，呢面平整光洁，色泽柔和，适合做春秋季男女套装、大衣等。

（5）女衣呢（图3-1-4e） 女衣呢品种繁多，有平纹、斜纹、织花、皱纹等组织形式，是织物肌理变化丰富的品种。女衣呢色彩艳丽明快，质地细洁柔软，色泽匀净、织纹清晰，适合做春秋季各式女装。

（6）花呢（图3-1-4f、g、h、i） 花呢面料品种变化多样，通常经、纬纱利用不同色彩和种类的纱线，采用各种不同织物组织织成，如素色花呢、条子花呢、格子花呢、隐条隐格花呢等；花呢还有薄、中、厚型之分。花呢用途广泛，适合做男女套装、休闲装、裙、裤等。

（7）驼丝锦（图3-1-5a） 驼丝锦属于缎纹变化组织。呢身正面有些微绒毛，反面光洁似平纹，呢面织纹细致，手感柔滑而有弹性，适合做高档礼服、西装套装、大衣等。

（8）粗花呢（图3-1-5b） 粗花呢用较粗的毛纤维，经、纬纱采用不同种类的纱线，结合不同组织变化，织出花色多样、外观较粗糙的织物。粗花呢呢身粗厚，色彩协调，风格粗犷，适合做女时装、大衣等。

（9）大衣呢（图3-1-5c、d、e） 大衣呢属于厚型织物，一般都经过缩绒及缩绒后

a）驼丝锦　　　　　　　　　　　　　b）粗花呢

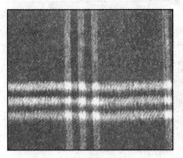

c）顺毛大衣呢　　　　　　　　d）拷花大衣呢　　　　　　　　e）立绒大衣呢

图3-1-5　呢绒类面料（二）

起毛的处理，有单色和混色两种。质地丰厚，保暖性强，品种多样，风格各异，适合做各种大衣、风衣等。大衣呢有平厚大衣呢、立绒大衣呢、顺毛大衣呢、拷花大衣呢、花式大衣呢等。

4.丝织类面料

丝织类面料主要指利用天然蚕丝和化学纤维长丝织成的各种丝织物。丝织物富有光泽，手感滑爽、穿着舒适，高雅华丽。尤其是纯蚕丝织物，具有独特的"丝鸣"感。丝织物种类众多，根据它的织物组织、外观风格及原料工艺等可分为纺、绸、绉、绢、绡、纱、罗、绨、葛、绫、呢、缎、锦、绒14大类。下面介绍部分品种。

（1）富春纺（图3-1-6a）　富春纺是粘胶丝和粘胶短纤维交织的平纹织物，属于纺类丝织物。织物经密大于纬密，布身光洁，手感柔软、色泽鲜艳，吸湿性好，穿着舒适，适合做夏季衬衫、裙等服装。

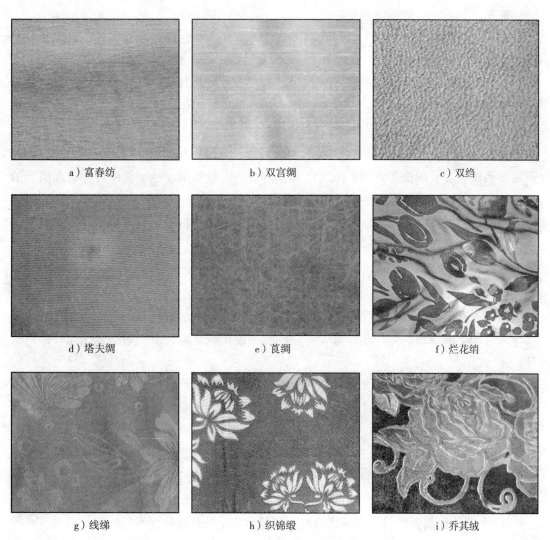

a）富春纺　　　　　b）双宫绸　　　　　c）双绉

d）塔夫绸　　　　　e）茛绸　　　　　f）烂花绡

g）线绨　　　　　h）织锦缎　　　　　i）乔其绒

图3-1-6　丝织类面料

（2）**双宫绸**（图3-1-6b）　双宫绸属于经、纬纱都用桑蚕丝的平纹真丝绸。绸面粗糙不平整，纬向呈现不规则结节状，风格粗犷，布身坚挺厚实，适合做各式夏季衬衫、裙子、外套等服装。

（3）**双绉**（图3-1-6c）　双绉是绉类丝织物，以绉组织织成后再进行印染等而成。双绉布身滑爽、柔软有弹性，有皱缩感，适合做夏季男女衬衫、裙、裤等服装。

（4）**塔夫绸**（图3-1-6d）　塔夫绸属于丝织物中的高档品种，可采用优质蚕丝或化纤长丝经平纹组织织成，有素色、方格、提花等品种。织物正面平挺光洁、手感柔软、质地细密，光泽柔和，适合做夏季服装、礼服、里料等。

（5）**莨绸**（图3-1-6e）　莨绸又叫"香云纱"，它产于我国的广东，是夏季服装的特色用料。它采用桑蚕丝织造，再经过布身上胶晒制而成。莨绸特点鲜明，滑爽透气，穿着舒适，但布身上的褐色拷胶不耐磨，经摩擦会脱落露底，适合做夏季便装、旗袍、时装等。

（6）**烂花绡**（图3-1-6f）　烂花绡面料的经、纬纱为锦纶丝及粘胶丝，采用平纹变化组织织成，布身轻薄光洁，呈透明状，凉爽透气。

（7）**线绨**（图3-1-6g）　线绨面料一般多采用化纤长丝作经纱，棉纱作纬纱，经平纹组织交织提花而成，织物表面花型较小，布身质地较粗厚，适合做秋冬季外衣及高档服装里料。

（8）**织锦缎**（图3-1-6h）　缎类织物，采用一组经线和三组纬线色织的提花织物，图案多系国人喜爱的梅兰竹菊、八宝、福禄寿喜等吉祥图案，造型端庄古朴，布面光洁精致，富丽豪华，适合做女性袄、旗袍及时装等。

（9）**乔其绒**（图3-1-6i）　乔其绒是起绒丝织物。织物采用起毛组织，使布料表面呈现毛绒感，色泽光亮、手感舒适、悬垂性好，有华贵感，适合做女性礼服、旗袍、时装等。

5. 纯化纤类面料

化纤类面料是近代迅速发展的新型服装材料之一，品类多样。纯化纤类面料是指参与面料加工的纤维均为化学纤维，可以纯纺、混纺或交织，下面为部分纯化纤面料品种。

（1）**人造棉**（图3-1-7a）　人造棉面料是采用纯粘胶纤维织成的平纹织物，其布身轻薄柔软，手感细腻，密度小，吸湿性强，透气性好，色彩鲜艳，适宜做夏季服装、童装等。

（2）**美丽绸**（图3-1-7b）　美丽绸是人造丝面料的代表品种，它是采用纯粘胶长丝为原料织成的丝织物，其布身纹路细密清晰，手感平挺光滑，色泽鲜艳光亮，是一种高级里子绸。

（3）**涤纶仿真丝面料**　涤纶仿真丝面料是由涤纶长丝或短纤维纱线织成的具有真丝外观风格的涤纶面料。此类面料既具有丝绸织物的飘逸、悬垂、滑爽、柔软、光泽等，同时又兼具涤纶面料的挺括、耐磨、易洗、免烫，且价格低廉，适合做各类时装。常见品种有：涤丝绸（图3-1-7c）、涤丝绉、涤丝缎、涤纶乔其纱、涤纶交织绸等。

（4）涤纶仿毛面料　涤纶仿毛面料是由涤纶长丝为原料，或用中长型涤纶短纤维与中长型粘胶或中长型腈纶混纺成纱后织成的具有呢绒风格的织物。此类面料既具有呢绒的手感丰满膨松、弹性好的特性，又具备涤纶耐用、易洗快干、平整挺括、不易变形、不易起毛球等特点，适合做秋冬季服装。常见品种有：涤弹哔叽、涤弹华达呢、涤弹条花呢、涤粘花呢（图3-1-7d）等。

（5）涤纶仿麻织物（图3-1-7e）　涤纶仿麻织物是采用涤纶或涤/粘强捻纱而织成的平纹或凸条组织织物，具有麻织物的滑爽和外观风格，风格粗犷，穿着舒适，适合做夏季衬衫、裙等。

（6）氨纶面料（图3-1-7f）　氨纶弹性非常高，又名弹性纤维，它在服装织物上一般以复合纱制成，即以氨纶为芯，用其他纤维（如涤纶等）做皮层制成包芯纱弹力织物。氨纶织物因其弹性有着对身体的良好适应性，紧身合体而无压迫感，适合做紧身

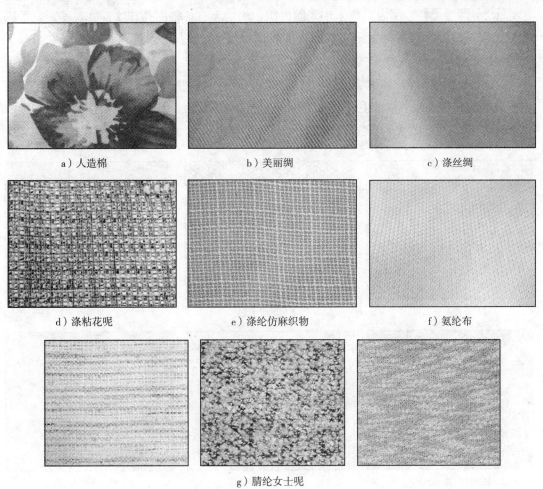

a）人造棉　　　　　b）美丽绸　　　　　c）涤丝绸

d）涤粘花呢　　　　e）涤纶仿麻织物　　　　f）氨纶布

g）腈纶女士呢

图3-1-7　纯化纤类面料

衣、运动装等服装。

（7）腈纶女式呢（图3-1-7g）　腈纶女式呢采用纯腈纶纤维制成，是一种精纺呢绒。腈纶纤维，有合成羊毛之美称，腈纶女式呢色彩鲜艳，手感柔软丰满，有弹性，质地不松不烂，但吸湿性、耐磨性较差，穿着有闷气感，适合做秋冬季大衣、外套等。

四、常用针织面料

近年来，随着针织业的迅猛发展，针织面料的品种日趋多样，其应用范围也越来越广泛，无论内衣、外衣，还是装饰用料等都有它的身影。它已经成为当今不可或缺的服装材料之一。下面介绍其部分品种。

（1）平针面料　平针面料是采用纬平针组织构成的面料，俗称"汗布"。面料质地轻薄，手感柔软，有较大的延伸性、透气性和弹性，吸湿性良好，穿着舒适透气。平针织物多采用纯棉，或者棉与化纤混纺，高档的用蚕丝等织成，适合做夏季汗衫、各式T恤、背心、睡衣等，如图3-1-8a所示。

（2）网眼面料　网眼面料采用集圈组织，织物上有各种网孔花纹，外观美观，手感柔软，吸湿性好，穿着舒适，多采用棉纱或涤/棉织制，适合做夏季T恤、衬衫、裙等，如图3-1-8b所示。

（3）双罗纹面料　双罗纹面料又称"棉毛布"，织制时由两个罗纹组织彼此复合而成。双罗纹织物表面平整，手感柔软，吸湿透气性良好，贴身保暖，多采用棉纱、涤/棉、粘/棉等织制，适合做秋冬季贴身衣裤等，如图3-1-8c所示。

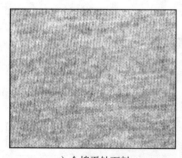
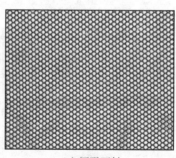

| a）全棉平针面料 | b）网眼面料 | c）双罗纹面料 |

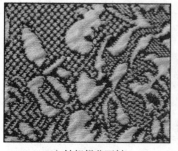
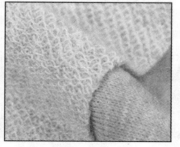
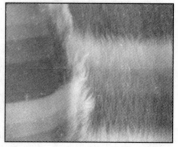

| d）针织提花面料 | e）针织毛圈面料 | f）针织长毛绒面料 |

图3-1-8　针织面料

（4）提花面料 提花面料是由提花组织织成。按照花型要求，由织针有选择地编织成圈，同时形成凹凸花纹，织物的延伸性和弹性较小，尺寸稳定性好。提花面料有单、双面之分，也有厚、薄之分，适合做各式内衣、外衣，如图3-1-8d所示。

（5）毛圈面料 毛圈面料的一面显示平针织物特点，平整光洁；另一面显示密集的毛圈效果，丰糯保暖。织物厚实、柔软，吸湿透气，保暖性良好，适合做睡衣、婴幼儿服装、毛巾、浴巾等，如图3-1-8e所示。

（6）长毛绒面料 长毛绒面料通常采用较粗的纱线作衬垫纱线，将纤维一起放入织针编织，纤维以绒毛状附在织物表面。长毛绒织物柔软、弹性和延伸性好，保暖、耐磨、易洗涤，适合做秋冬季外衣等，如图3-1-8f所示。

⬤ 第二节 常用服装辅料

服装辅料是指在服装材料中除了服装面料之外的其他材料，如里料、衬料、垫料、填絮料、扣紧材料、缝纫线、装饰材料、包装材料等。在一件服装的构成上，只有服装面料和辅料相辅相成，才能更好地体现服装的完整性，达到设计、裁剪、制作的完美展现。目前，服装辅料品类繁多，性能各异，如何选择和搭配，成为服装设计制作的关键。下面介绍一些常用服装辅料。

一、里料

里料，俗称"里子"，它是用来部分或全部覆盖住服装里面的材料。里料与面料的结合以"挂里子"的形式存在。"挂里子"即挂里，就是指给服装上里布。当前，无论是夏季的薄型服装或是秋冬季的厚型服装，都有挂里的服装式样。

1.服装挂里的方式和作用

（1）挂里的方式 在服装加工制作时，根据面料和里料的结合方式，服装挂里通常可分为活里和死里两大类。活里是由某一紧固材料（如拉链、纽扣等）将里料固定在服装上，它便于里料的拆卸和清洁。死里则是将里料固定在服装上，不可拆卸，大多数服装采用这种形式。

（2）挂里的作用

1）构成服装需要。如夏季服装面料太薄透时挂里有助于遮蔽；又如秋冬季服装，夹衣里料有助于保暖，棉衣里料保护絮料避免其裸露等。

2）美观造型作用。服装里料能遮挡缝份、毛边、衬布等，有助于美观，并且使服装挺括平整，具有造型感。

3）保护面料。服装挂里后，减轻了人体与面料内部的摩擦及沾污，延长了面料寿命，提高了服装耐穿性。

4）方便穿脱。里料多柔软滑顺，使服装内里平顺光洁，便于穿脱。

2. 里料的种类

里料品类众多，分类标准多样。按照材质分，可以分为天然纤维里料、化学纤维里料及混纺或交织里料三大类，其中化学纤维里料占到里料用量的绝大部分。在各种织物类型中，机织物里料占主导，根据服装的性能要求，一些针织物、毛皮及仿毛皮等材料也有应用。常见服装里料的分类、特性与用途见表3-2-1。

表3-2-1 常见服装里料的分类、特性与用途

品类		特性	常见品种	用途
天然纤维里料	棉纤维	棉布里料手感柔软，具有较好的吸湿性、透气性和保暖性，穿着舒适，不易产生静电，价格适中，洗涤方便，缺点是不够顺滑	平布、绒布、条格布	多用于童装、中低档茄克等服装
	真丝	真丝里料手感滑爽光洁，美观轻盈，有凉爽感，具有很好的吸湿性、透气性，不易产生静电，但强度偏低、质地不够坚牢，价格较高，加工制作难度大	电力纺、花软缎	多用于裘皮服装、纯毛及真丝等高档服装
化学纤维里料	合成纤维类	以涤纶丝、锦纶丝等为主的化纤长丝里料是服装中的常用里料。光滑轻便、结实耐用、不缩水，吸湿透气性稍差，易产生静电，穿着不太舒适	涤丝纺、涤纶塔夫绸、尼龙绸	大量应用于各类服装
	再生纤维类	以粘胶丝、铜氨丝、醋纤等为主，织物柔软光滑，色彩丰富艳丽，吸湿透气性较好，粘胶纤维织物强力较低，牢度大，但缩率大；铜氨纤维织物接近真丝外观，属于中高档里料；醋酯纤维织物强度也较低，吸湿性、耐磨性较差	美丽绸、人丝纺、天丝、醋酯绸	中高档服装
混纺或交织里料		材料来源多样，兼具了两种及以上材料的特性，如涤棉、涤粘、醋纤与粘纤、粘棉等交织或混纺里料	羽纱、涤/棉布	各类服装

3. 里料的选配

1）选配里料时，注意里料织物性能应与面料性能相协调，如缩水率、耐洗涤性、耐热性、强力、厚薄等要能匹配，满足服装性能和外观造型的需要。夏季服装配薄型里料，且要注重吸湿透气性；冬季服装配中厚型里料，有一定的保暖性，并有助于服装的整体轮廓造型。

2）里料和面料的色彩应搭配。通常情况下，选配的里料色彩与面料色彩相近，稍浅于面料，以免发生透色或沾色等不良状况。但现代服装设计中，也可见到一些富有设计感的服装，它们在里料选用时大胆、时尚，如与单色面料相对采用有花纹的鲜艳里料，突出面料的简洁与内里的时尚。

3）选配里料时，还应注意服装的成本。高档面料选配高档里料，低档面料选配低档

里料，做到面料和里料的合理搭配。

4）里料应平顺光滑，柔软，便于穿脱；色牢度要好，以防褪色。

总之，里料的选配应遵循经济适用、美观大方的原则，既兼顾了成本又提高了服装质量。

二、衬料

在服装构成中，衬料处在面料和里料之间，起到支撑和衬托的作用。它犹如人体的骨架，在服装造型时使其造型和结构加固，防止衣片的拉伸变形影响造型和尺寸的稳定，并且衬料的使用也改善了服装面料的加工缝制性能，例如，轻薄滑爽面料的易滑移性得到很大改善，便于缝纫。

1. 衬料的种类

服装衬料的种类多样。按照衬料的厚薄分，可分为轻薄型（$80g/m^2$以下）、中型（$80\sim160g/m^2$）和厚重型（$160g/m^2$以上）；按照用衬的部位分，可分为胸衬、肩衬、领衬、腰衬、牵条衬等；按照衬料的原料分，可分为布衬（棉衬、麻衬）、动物毛衬（马尾衬、黑炭衬）、化学衬（树脂衬、粘合衬）和纸衬。随着服装面料的发展，衬料也向多色、弹力、多品种发展，出现了如弹力衬布、真丝面料专用衬布、多色时装衬布等。下面介绍一些常用衬料。

（1）棉衬 棉衬采用本色纯棉平布制成，分软衬和硬衬。软衬一般直接用中、低支平布，手感柔软，多用于挂面、腰头或搭配其他衬使用；硬衬是指经化学浆剂处理后的粗平布，手感硬挺粗糙，用作西服、大衣等的胸衬、肩盖衬等。

（2）麻衬 麻衬多用亚麻制成，也有混纺麻织物，有一定韧性、良好的硬挺度和弹性，是一种高档衬料。麻衬常用作西服、大衣的胸衬、衬衫领衬等。

（3）马尾衬（图3-2-1a） 马尾衬是采用马尾鬃毛作为纬纱，羊毛、棉或涤棉混纺纱作为经纱，通过两者交织而成的平纹织物。马尾衬布面疏松、密度较低，挺括而弹性极好，不易褶皱，缩水率小，透气性好，湿热状态下，可归拔造型出设计所需的形态，常用作高档服装的胸衬。

（4）黑炭衬（图3-2-1b） 黑炭衬又称"毛鬃衬"或"毛衬"，它采用牦牛毛、山羊毛、人发等混纺或交织而成的平纹织物，颜色多为灰黑色。黑炭衬硬挺度较高，弹性好，具有良好的塑性效果，常用于大衣、西服等前衣片、肩、袖等部位，使服装造型丰满、挺括，是目前使用最广泛的一类毛衬。

（5）树脂衬（图3-2-1c） 树脂衬是以纯棉、涤棉或纯涤纶布作为基布，经树脂整理加工而成的衬布。树脂衬具有成本低廉、硬挺度高、弹性好、耐水洗、不回潮等特点，广泛用于服装的衣袖、袖克夫、口袋、腰、腰带等部位。

（6）粘合衬（图3-2-1d、e、f） 粘合衬也称热熔粘合衬，是将热熔胶均匀涂覆在织物基布上，经过熔融干燥，再冷却而成。使用时，只需将衬布裁剪出需要的形状，通过热熔合机将衬料和面料粘合，极大改进了传统手工敷衬工艺，既提高了生产效率，又符合当今服装挺括美观的潮流。如今，粘合衬广泛应用于各类服装，成为现代服装生产的主要衬料。

粘合衬根据织物基布的不同，主要有机织粘合衬、针织粘合衬和非织造粘合衬。机织粘合衬基布采用机织物，适用于中高档服装；针织粘合衬基布采用针织物，有伸缩性，适用于针织面料服装；非织造粘合衬也称"无纺衬"，它以涤纶、锦纶、粘纤等化学纤维为原料，将纤维梳理成网，经物理、化学等方法结合而成。因其生产简便、成本低廉、品种多样、使用方便而被广泛应用。

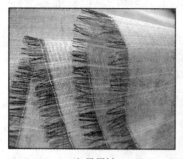

a）马尾衬

b）黑炭衬

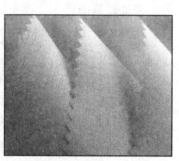

c）树脂衬

d）多色无纺衬

e）两面弹衬布

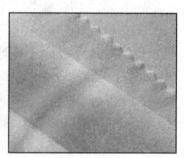

f）真丝雪纺专用衬布

图3-2-1　衬料

2.衬料的选配

衬料种类多样、性能各异，在选配上应注意以下几点：

1）衬料应与服装面料的性能相匹配。这些性能包括面料的质地、厚薄、颜色、色牢度、悬垂性、缩水率等。缩水率大的衬料应预缩后再剪裁；对于浅色薄型面料应注意衬料的色牢度，避免掉色等。

2）衬料应根据服装造型需要进行选择。根据服装的不同造型效果和工艺制作要求，选择软硬、厚薄、弹性等相适应的衬料。

3）考虑服装生产实际和价格成本。衬料选配时应首先确定服装厂是否有相应的压烫设备，其次在服装满足造型和面料性能的基础上，应尽量降低服装成本，提高企业经济效益。

三、垫料

服装垫料也同衬料一样附在面料和里料之间，用于服装造型修饰或人体补正。垫料的使用能使服装特定部位按设计要求加高、加厚或平整，起到造型修饰作用，以使服装达到美观、合体挺拔等造型要求。常见的垫料有肩垫、胸垫、领垫等，如图3-2-2所示。

（1）胸垫　胸垫又称"胸绒"或"胸衬"，主要衬于服装的胸部夹里，可使服装胸部饱满、造型美观、有立体感，保形性好，弥补穿衣者的胸部缺陷。胸垫有一般性胸垫和乳胸垫两种。

（2）肩垫　肩垫又称"垫肩"，是用来修饰人体肩形或补正人体肩部"缺陷"的一种服装辅料。肩垫材质广泛，有棉布、海绵、泡沫塑料、羊毛、化纤等，目前常见品种有针刺肩垫、定型肩垫、海绵肩垫。肩垫在选用时，主要依据使用目的、服装种类、个人特点、设计造型等决定其形状和厚度。并且在设计制作时可以加工成固定式或可拆卸式。

（3）领垫　领垫又称"领底呢"，是适用于西服、大衣、职业制服等服装的一种领底专用材料，它可使衣领平整、面里服帖、造型美观、增加弹性，便于整理定型，洗涤后不缩不走样，而且方便裁剪和缝制。

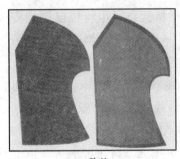
胸垫

肩垫

领垫

图3-2-2　常用垫料

四、填絮料

服装填絮料是指存在于服装面料和里料之间的填充材料，具有保暖（或降温）及一些特殊的功能。传统填絮料主要是保暖御寒，随着科技的进步和生活需求的提高，填絮料开发出更多的功能，如保暖、降温、防热等功能。

根据填絮料的形态，主要可分为絮类和材类，如图3-2-3所示。

（1）絮类填料　絮类填料是指未经纺织加工的纤维，其形态呈松散的絮状填充料。它包括棉絮、丝绵、驼毛、羽绒、羊绒等，没有固定的形态，成衣时必须装里布或用衬胆封闭及绗缝。

（2）材类填料　材类填料是指将纤维纺织加工成绒类或絮片类，或天然形态的填充料。它包括氯纶棉、腈纶棉、涤纶定型棉、天然毛皮、人造毛皮、驼绒等，是拥有固定形态的松散、均匀的片状物，成衣时可与面料同时裁剪缝制。

填絮料在选配时，主要根据服装的式样、功能、用途、成本等要求的不同而选择。如冬季保暖服装用填料，羽绒蓬松轻便，保暖性好，但价格较高；而腈纶棉经几次穿着后易板结，保暖性降低，且较重，但价格低廉。当填絮料可选羽绒或腈纶棉时，需依据服装定位、功能、成本等综合考量，合理选择。

  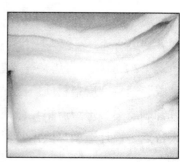

棉絮　　　　　　　　　　羊绒　　　　　　　　　腈纶棉

图3-2-3　填絮料

五、扣紧材料

扣紧材料是指服装上具有封闭、扣紧、连接等功能的材料，有时也可根据设计需求，将其用作装饰材料。扣紧材料包括纽扣、拉链、挂钩、尼龙搭扣、绳带等，如图3-2-4所示。别看其体积不大，作用却不小，是服装上不可或缺的材料之一。

（1）纽扣　纽扣是较早应用的扣紧材料，其种类繁多，形状多样，色彩丰富，材质广泛。可用来制作纽扣的材料有木、石、贝壳、绳带、树脂、金属、玻璃等。根据纽扣的装配缝制工艺，可分为有眼纽扣、有脚纽扣、按扣、编结纽扣等。

在选择纽扣时，纽扣的颜色、图案等应和服装协调，可采用同一色或近似色，也可根据服装设计要求突出其装饰效果选择对比色等，并且纽扣的大小、式样、品质、价格等也应与服装整体相统一。

（2）拉链　拉链也称"拉锁"，是一种可以重复拉开、拉合，由两条柔性的、可互相啮合的单侧牙链组成的连接件。它主要应用于上衣门襟、袋口、裙或裤开口、服装部件的可拆卸连接部位，具有简便、快捷、安全等性能，在一定程度上取代纽扣，简化服装加工工艺，被广泛应用。

根据材质应用，拉链主要有金属拉链、树脂拉链和尼龙拉链。另外，根据拉链形态，又可分为闭尾拉链、开尾拉链、隐形拉链等，拉链头也可根据使用要求配置一个或两个。

（3）尼龙搭扣　尼龙搭扣是两条特殊尼龙带，一条表面布满毛圈，一条表面布满挂钩，两条带子压合时，使服装部件扣紧。它多用于开闭迅速且安全的部位，如婴幼儿服装、工作制服等。

（4）**绳带**　绳带用于服装的紧固，也可起到装饰作用。根据服装种类、功能的不同，可选择不同色彩、质地、档次、粗细、宽窄、厚薄的绳带。恰当地使用绳带，能使服装富有趣味和装饰感。

（5）**挂钩**　挂钩是由钩和环组成的一对紧固件，大多用金属制成，也有树脂或塑料材质的。它主要用于裙腰、裤腰、领口等部位，安装后较隐蔽。

纽扣

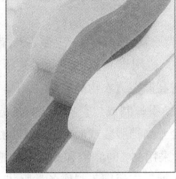

尼龙搭扣

绳带

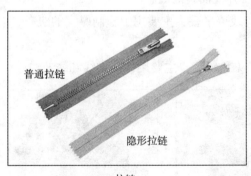

普通拉链

隐形拉链

拉链

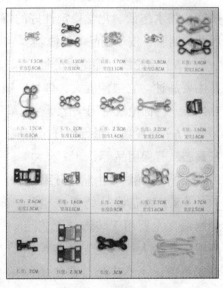

各式挂钩

图3-2-4　扣紧材料

六、缝纫线

缝纫线是构成服装的主要材料之一，是辅料中的重点，它在服装中起到缝合衣片、连接各部件的作用，也可以起到一定的装饰美化作用。缝纫线的恰当使用，对服装的质量、外观、穿着寿命等都有着重要影响。

缝纫线按照材质可细分为棉线、真丝线、涤纶线、涤棉线、锦纶线、维纶线、腈纶线、绣花线、金银线等。目前在工业化生产中化纤类或混纺类缝纫线的使用占比较大。缝纫线的单纱支数范围一般为9~80英支，合股数大多是3股，也有2股、4股和6股以上的，最多可达12股。6股以上的缝纫线一般用于皮革、篷帆和制鞋工业。

缝纫线卷装形式很多，手工用缝纫线有绞股线、木纱团、纸芯线、纸板线和线球等，线长度为10~1000m；缝纫机用缝纫线卷装长度为1000~11000m，一般是卷绕在锥形筒管或有边筒管上的，称为宝塔线，如图3-2-5a所示。

1. 常用缝纫线品种

（1）**棉线** 棉线以棉纤维为原料，经漂炼、上浆、打蜡等处理制成缝纫线，强度较高，耐热性好，缝线不易变形，适用于高速缝纫和耐久压烫，缺点是弹性、耐磨性较差。主要用于棉织物、皮革及耐高温熨烫衣物的缝纫。

（2）**真丝线** 真丝线是由桑蚕丝制成。它拥有极好的光泽和弹性，强力和耐磨性等都优于棉线，制线成本高，适合于高档服装或局部装饰压明线用。

（3）**涤棉线** 涤棉线一般采用65%的涤纶和35%的棉混纺，既保证了强度、耐磨性和较小的缩水率，又提高了耐热性，广泛用于制作各类服装。

（4）**涤纶线** 涤纶线主要以涤纶长丝或短纤维为原料制成，具有强度高、弹性好、耐磨、缩水率低、化学稳定性好的特点，是目前最主要的缝纫用线。主要用于休闲运动服装、制服、皮革制品等的缝制。

（5）**锦纶线** 锦纶线分锦纶长丝线、锦纶短纤维线和弹力变形线三种，其中长丝线是主要品种。它强伸度大，弹性、吸湿性优于涤纶线，而且质轻，耐腐蚀，但耐光、耐热性较差。锦纶线常用于化纤、皮革、呢绒面料及弹性面料的缝制。

（6）**维纶线** 由维纶纤维制成，其强度高，线迹平整，主要用于缝制厚实的帆布、家具布、劳保用品等。

（7）**腈纶线** 由腈纶纤维制成，耐光性好，染色鲜艳，主要用作装饰线和绣花线。

（8）**绣花线** 绣花线也称刺绣线，主要用于装饰或工艺品用线。其最大特点是光泽美观、色彩鲜艳，不易褪色，花色品种多，手感光滑柔软，但强度较差，不耐磨损。绣花线根据材质可分为棉绣花线、真丝绣花线、毛绣花线、化纤绣花线等，如图3-2-5b所示。

a）各式缝纫线

b）手工绣花线

图3-2-5 缝纫线

（9）**金银线** 金银线一般是在涤纶薄膜上采用真空技术蒸涂铝箔后切丝制成，颜色有金、银、红、绿、蓝等。金银线是一种装饰用线，既可用于面料织造，也可用于装饰绣花，但不耐洗涤，易受外力破坏。

2.缝纫线的选配

（1）与面料种类和性能相匹配　缝纫线在色彩上一般选择与面料的颜色一致，否则线迹外露不美观。若是装饰用线，按照设计要求选择，一般厚料用粗线，薄料用细线。另外缝纫线的材质应和面料材质相协调，色牢度、强度、缩水率一致，弹力面料应选配有弹性的缝纫线。涤纶缝纫线有较大牢度、较小缩水率和较好弹性，容易与不同面料匹配。

（2）与服装特点和用途相匹配　选择缝纫线应充分考虑服装的用途、设计特点、穿着环境和保养方式，使缝纫线能保证服装美观、耐用和高品质。如牛仔装要求缝纫线坚牢耐磨，又有装饰性，宜选择较粗的缝纫线。

（3）与服装线型、线迹相匹配　不同缝纫线迹决定了不同的缝口性质和外观特点。在现代化的工业生产中，各类服装机械适用于不同服装部位的加工，如车缝、包边、钉扣、锁眼等，均有专用缝纫线可供选配。

七、其他服装辅料

服装制作中还会根据设计要求，使用一些装饰类辅料，它主要有花边、珠子、亮片、流苏、羽毛等，在服装上可采取缝、烫、粘合、织绣、铆等工艺，如图3-2-6所示。

其次，合格的服装产品均有完整的标识，它也从一个方面反映出服装的档次。服装标识主要有商标、吊牌、成分标、规格标、洗涤熨烫标、品牌标志、条形码、特种认证标志等，如图3-2-7所示。

另外，在服装运输、保管、储藏等过程中使用的包装材料，既能起到保洁、保形的作用，也能传递服装品牌形象。一般有塑料袋、包装纸、包装布、纸盒、纸箱、衣架、裤架、裙架、各式包装袋等。

珠子

亮片

亮片花边　　水溶花边

图3-2-6　部分装饰材料

吊牌

商标

成分标、洗涤熨烫标等

图3-2-7　部分服装标识

第三节　面料的识别

服装面料作为服装构成中的主要材料，正确掌握其特性、识别其特征，对于顺利进行生产加工、避免出现产品质量问题有着非常重要的作用。

一、面料外观的识别

在服装生产前，应首先了解所选服装面料的外观特点，以便后续工序采用相应的加工技术，确保服装品质。

1. 面料正反面的识别

在各类服装面料中，大多数布料的正面和反面是不同的，如色泽不同、织物纹路不同、花纹不同等，当然也有一些正反面外观相近的布料。如何正确地识别面料的正反，可以从以下几点着手：

1）根据织物组织结构特点识别：平纹织物两面较一致，没有正反面区分，除非做过磨毛，毛感强的是正面；斜纹织物一般凹凸感强、纹路清晰的是正面，单面斜纹斜向纹路为"\"是正面，双面斜纹斜向纹路为"/"是正面；缎纹织物正面浮长较多，布身平整紧密，富有光泽，反面较暗淡模糊。

知识拓展：面料的幅宽

　　幅宽就是织物的宽度，俗称"门幅"，一般以厘米（cm）为单位。幅宽主要根据织物的用途和织造设备而定，一般有窄幅80~120cm和宽幅127~168cm等规格。近年来随着织造技术的进步和市场需求，宽幅织物的需求增加，尤其是无梭织机出现后，幅宽可达300cm以上。

2）根据织物组织变化识别：如一些提花、条格等有凹凸花纹组织的织物，显示出凹凸花纹的一面为正面，反面则由浮长线衬托；单面绒组织的正面有绒毛或毛圈，双面起绒织物，则绒毛整齐光洁的一面为正面；纱罗织物的正面孔眼清晰、平整，而反面的外观则较粗糙等。

3）根据面料的花纹、色泽识别：各种织物的花纹、图案正面清晰、洁净，图案线条明显，层次分明，色泽鲜艳；反面则比较浅淡模糊。

4）根据面料布边识别：一般布料的布边正面织纹比反面要平整、光洁，反面布边向里呈微卷曲状。另外，一些高档面料，在布边处织有文字或字码，清楚明显的是正面，如图3-3-1所示。

2. 面料倒顺毛的鉴别

在一些起绒起毛织物，如灯芯绒、平绒、丝绒、长毛绒及各类呢绒织物中，其绒毛有倒顺之分。判断时，通

图3-3-1　面料的布边

常以手摸织物表面光洁顺滑、毛头倒伏且阻力很小的方向为顺毛，毛头撑起并且阻力大的方向为倒毛。此类面料顺毛方向反光强，色光浅，而倒毛方向反光弱，色光深，如图3-3-2所示。由于面料倒顺不同会产生不同的光感和色差，裁剪排料时应特别注意倒顺的使用。

3. 面料经纬纱向的识别

服装面料在织造过程中具有方向性。对于机织类面料而言，其特性之一就是织物由经纱和纬纱交织而成。通常将整匹面料的长度方向称为经向，将宽度方向称为纬向，经纬方向之间称为斜向，45°斜角称为正斜，面料的斜向非常易拉伸，裁剪时需特别注意。在实践中，可将机织物的布边作为经向参考，与布边平行的方向是经向，与布边垂直的方向为纬向，如图3-3-3所示。

4. 了解花型面料的图案特征

当服装面料表面有花纹图案时，应仔细分析其图案特征。如阴阳条、阴阳格、倒顺花、团花等，对这类花型面料要根据其特点在裁剪时正确应用。下面为一些图案花型介绍。

图3-3-2　面料的倒顺毛

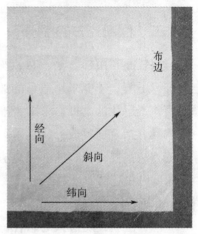

图3-3-3　面料的经纬纱向

图3-3-4　花卉图案面料

在图3-3-4中，左边面料花型具有上下方向性特征，裁剪排料时应按同一方向进行；右边面料花型没有明显方向性，呈现散花，可进行套裁。

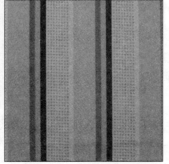

图3-3-5　条纹图案面料

在图3-3-5中，左边面料条纹上下没有方向性，可任意套裁，一般取一条条纹中心线对准纸样中心线即可；右边面料中为阴阳条花型，有明显的左右方向性，应按一定方向裁剪。

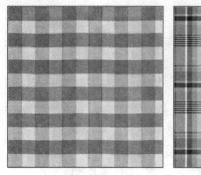 

在图3-3-6中,左边面料中格子图案上下没有方向性,可任意套裁；右边面料中为阴阳格图案,有上下和左右的方向性,应按一定方向裁剪。

图3-3-6　格纹图案面料

二、面料成分的鉴别

服装面料由棉、毛、麻、丝、化纤等纤维织造。在服装制造过程中，只有对面料成分加以了解，才能采用适宜的加工制作方法，达到设计目的。相对于家庭式的单件制作而言，工厂化的大批量采购会准确和主动，服装企业会根据服装款式的具体设计要求，采购具有指定面料成分、克重等具体参数的面料，面料成分一目了然。目前鉴别面料成分的方法主要有感官法、燃烧法、显微镜观察法、光谱分析法、化学试剂法等，其中对于家庭应用较简便可操作的是感官法和燃烧法。

1. 感官法

感官法就是通过人的感官，进行手摸、眼看、鼻闻、耳听等方法，对面料成分进行鉴别。感官法对面料成分的判断依赖于丰富的实践，可以通过经验的累积获得较准确的判断。

当拿到一块面料时，首先观察面料的组织结构、光泽、染色情况等；其次用手去抚摸面料的表面是否光洁、柔软、凉爽、温暖等，揉捏面料，感受身骨、弹性、悬垂感等；然后，用鼻子闻是否有特殊的气味，用耳朵听面料之间摩擦声和撕裂面料的声音等，进而综合人的感官对面料的体验进行判断。下面介绍一些常见面料的感官特征。

（1）**纯棉布**　纯棉布外观光洁，纤维短、细、柔软，布身有纱头和杂质，弹性差，手抓捏后松开易皱，且折痕不易褪去。

（2）**涤棉布**　涤棉布外观光洁明亮，布面平整光洁、较挺括，几乎无杂质，弹性好，手抓捏后松开有皱褶，但折痕很快平复。

（3）**人造棉**　人造棉布身光泽柔和、明亮，色彩鲜艳，手感平整滑爽，手抓捏后折痕明显，不易褪去，面料浸水后发硬变厚。

（4）**亚麻布**　亚麻布布身发硬，仔细观察可见经、纬纱线粗细不均匀，手感粗糙，挺、垂，有滑爽感。

（5）**真丝绸类**　真丝绸类光泽柔和，色彩纯正，绸身平整细洁、滑润，轻薄柔软，有弹性。手抚摸绸面有拉手感，撕裂时有丝鸣声。

（6）**涤纶长丝织物**　布身有明亮光泽，像有"贼光"，光泽不柔和，手感滑爽平挺、弹性好，但悬垂感差，不太柔软，手抓捏后无明显皱痕。

（7）**纯毛精纺呢绒**　精纺呢绒呢身表面细腻、光洁平整，纹路清晰，面料较薄，色泽柔和。呢身手感温暖，有弹性，悬垂性好，抓捏后折痕不明显。捻开纱支观察，纱支多数为双股。

（8）**纯毛粗纺呢绒**　粗纺呢绒呢身厚实，呢面丰满，毛型感强，不露底纹。呢身手感丰糯、温暖，富有弹性，悬垂性好。捻开纱支观察，纱支多数为单股。

2. 燃烧法

燃烧法是一种简单而常用的面料成分鉴别方法。它根据各种纺织纤维燃烧过程中产生的不同现象，来粗略地鉴别面料成分。

操作时可以剪下一小条样布，将样布的布边弄毛糙后，抽出几缕经纱和纬纱，用镊子夹住纱线，靠近燃烧的火柴或酒精灯，观察其靠近直至燃烧后的一系列变化，同时听其声、闻其味，观察每一细节。表3-3-1列出了几种常见纤维燃烧时的特征。

采用燃烧法鉴别纯纺面料时，燃烧现象十分明显，表现出单一的原料纤维特征，对于混纺或交织面料，燃烧时有的呈现出几种原料纤维特征，但更多的是呈现出含量高的纤维的特征。因此，燃烧法更适合鉴别纯纺面料。如市场中的一些涤纶仿麻面料，外观很像麻织物，但一经燃烧就可鉴别出它的伪身份，是涤纶纤维织成。

表3-3-1　常见纤维的燃烧特征

纤维名称	燃烧状态	灰烬	气味
棉、麻纤维	靠近火焰不熔不缩，接近火焰后迅速燃烧，橘黄色火焰并有蓝烟，离开火焰后继续燃烧	灰白色灰烬，手触成粉末	烧纸味
毛、丝纤维	靠近火焰先收缩，接近火焰后渐渐燃烧，橘黄色火焰，离开火焰后能自行熄灭	灰烬为松脆的黑灰色硬块，手压易碎	烧毛发味
粘胶纤维	靠近火焰立即燃烧，燃烧迅速，橘黄色火焰	少量灰白色灰烬	烧纸味
醋酯纤维	靠近火焰熔融，接近火焰后燃烧缓慢，有深褐色胶状物滴落，离开火焰后仍边熔边燃	灰烬呈硬脆的不规则块，压碎成粉末	刺鼻醋酸味
莫代尔纤维	靠近火焰软化，不熔不缩，接近火焰后迅速燃烧，离开火焰后仍迅速燃烧	很少量的灰色灰烬	烧纸味
涤纶纤维	靠近火焰后，迅速熔融并燃烧，冒黑烟，明亮的黄白色火焰，离开火焰后能继续燃烧	黑褐色不规则块，可压碎	特殊的芳香气味
锦纶纤维	靠近火焰熔融，接近火焰后边熔边燃，伴随熔融物滴下，火焰很小呈蓝色，离开火焰后仍燃烧	坚硬的褐色透明圆珠状	难闻的刺鼻气味
腈纶纤维	靠近火焰收缩，接近火焰后迅速燃烧，火焰亮黄色，并伴有"呼呼"声，离开火焰后仍继续燃烧	黑而硬的不规则块，可压碎	辛辣味

第四节　面料的裁前准备与裁剪

缝制服装时，在正确识别面料的基础上就可以进行面料的裁剪了。一般在正式裁剪

51

之前，还应对面料进行必要的检查和处理，这一阶段在服装生产上称为裁前准备阶段。当准备阶段完成后，就可以对其进行裁剪加工了。下面来了解一下这个过程。

一、裁前准备

1. 检查面料

检查面料质量，主要看面料是否存在色差、纬斜、疵点等毛病。在服装工业化生产中，通过验布机查验，可以测量出幅宽宽窄度的差距，色差，纬斜，布料疵点如断经（纬）、粗经（纬）、稀路、破洞、色点、粗沙、污渍等，并加以标记，以便在排料时避开。如果色差较大、纬斜过大、疵点较多时将进行退换布料处理。

2. 面料预缩

由于各类面料在织造和印染过程中均受到机械外力的作用，面料被拉伸，主要体现在长度方向被拉长，宽度方向被拉变形。当面料经裁剪、缝制、整烫成衣而穿着洗涤后，必将产生面料的皱缩，导致服装尺寸变化，式样变形。因此在裁剪排料前，需对面料进行预缩处理。在工厂中使用预缩机对面料进行预缩整理，来进一步提高面料品质和尺寸稳定性，稳定面料的缩水率。

缩水率是指面料经水浸或洗涤后，织物发生收缩的百分率。它与组成面料的纤维成分、织物的组织结构和生产加工工艺过程有着相当密切的关系，表3-4-1列出了常见织物的缩水率，可参考。

表3-4-1　常见织物的缩水率

品种		缩水率（%）		品种	缩水率（%）	
		经向	纬向		经向	纬向
丝光棉布	平布	3.5	3.5	精纺呢绒	3.5~4	3~3.5
	哔叽、斜纹	4	3	粗纺呢绒（呢身紧密）	3.5~4	3.5~4
	府绸	4.5	2	粗纺呢绒（绒面）	4.5~5	4.5~5
	卡其、华达呢	5~5.5	2	粗纺呢绒（呢身稀疏）	>5	>5
	纱卡其、纱华达呢	5.5	2	桑蚕丝织物（真丝）	5	2
本光棉布	平布、卡其、	6	2.5	绉线织物和绞纱织物	10	3
	纱卡其、纱华达呢、纱斜纹	6.5	2			
	经防缩整理的各类印染布	1~2	1~2	桑蚕丝与其他纤维交织物	5	3
	线呢	8	8	涤棉平布、府绸	1	1
	色织条格、府绸	5	2	涤棉卡其、华达呢	1.5	1.2
	被单布	9	5	涤粘织物（涤纶含量62%）	2.5	2.5
	劳动布（预缩）	5	5	粘纤织物	10	8

3.家庭式单件服装裁制时面料预缩与整理

（1）面料预缩方法

1）湿水法：将面料浸入水盆中，全部浸没，并用手轻按揉搓，使其完全松弛回缩，浸泡约60min，捞出晾干熨平，避免拉伸，处理后就可以使用。此法适用于缩水率较大的天然纤维织物。

2）喷水熨烫：将面料平铺，反面朝上，用喷壶均匀喷水，垫上烫布，用熨斗将面料熨干，在湿热状态下将面料充分回缩定型，应将整块面料都处理到。此法适用于不宜水浸的毛呢面料等。

3）干法熨烫：此法和喷水熨烫方法比较，少去了喷水环节，其余均一致。注意垫上烫布后用熨斗反复熨烫几次。此法适用于精细的丝绸面料等。

（2）面料整理 家庭单件制作服装时，首先检查面料的幅宽、有无疵点、有无纬斜等，并在排料时加以考虑。当面料有纬斜出现，程度较轻的情况下可以纠正。

1）如何判断纬斜。"纬斜"是指面料的经纱和纬纱方向不成直角的情况。如果在面料裁剪前不纠正纬斜，用此面料成衣后易出现裁片不对称走形，纹样不对称等状况，导致成品质量下降甚至不合格。

判断纬斜现象常采用的方法是：靠近面料的裁边处抽出一根纬纱，然后沿纬纱方向将面料裁剪，裁边是纬向的，如果它与布边不垂直，此面料就存在纬斜情况，通常以高出（或低出）的高度除以门幅的宽度，就是纬斜的量。一般平纹面料纬斜不超过5%，横条或格子面料纬斜不超过2%，印染条格面料纬斜不超过1%。如果纬斜过大，应进行校正。

2）纬斜的校正。先将面料喷湿（不适宜喷水处理的丝绸类面料除外，可省略此步骤），然后一边用手斜向拉伸面料，一边在面料反面用熨斗沿经、纬纱向熨烫，多次反复，一点一点逐步地校正布纹，纠正面料纬斜，直到消除。

二、面料的裁剪

1.面料经、纬纱向的应用

服装面料的经、纬纱向，方向不同，特性也不同。经纱也称直纱，特点是挺拔垂直，不易拉伸变形；纬纱也称横纱，特点是有较大伸缩性，易弯曲延伸；斜纱方向，极富弹性，最易弯曲变形，塑形性非常好。因此，排料时，应根据服装款式的制作要求，选择衣片的纱线方向。通常情况下，服装样板上都标示出经纱方向作为布料丝缕方向，排料时使其与面料一致。

一般服装的长度方向，除非特殊设计，都采用经纱方向，如裤长、衣长、袖长等；对于一些需要平直的部件，如门襟、腰面等也采用经纱。纬纱方向一般用于袋盖、领子等部件，帖服性较好。斜纱方向一般都选用拉伸变形较大的部件，如滚条、嵌线、领里等，也可按设计需求采用覆肩、育克、袖口、门襟等。当服装裁片纱向应用不同时，如喇叭裙片分别采用纬向或斜向丝缕会造成不同的悬垂效果，最终会影响服装成品的外观效果。在图

3-4-1中，可看到同一裙片采用不同纱向排料时，所呈现出的纹路与花纹不同。

图3-4-1　不同纱向的排料应用示意图

2.方向性面料的排料

（1）倒顺毛面料的排料　在用倒顺毛面料排料时，先确定倒顺毛方向、绒毛长度，再设定划样方向。一般长绒做顺绒，短绒做逆绒。如灯芯绒面料绒毛短，采用倒毛做；又如人造毛皮等绒毛较长的面料，采用顺毛做。在一件服装产品的排料上，裁片绒毛倒向一致，不能有倒有顺，否则成衣后外观光泽不一致；具体到领面的裁剪用料，应以成品服装领面翻折后保持与后身绒毛方向一致为准。

（2）花型面料的排料　当面料上有明显倒顺之分时，如树木、山水、人物、建筑等图案的面料，一般采用图案正立的一面为顺方向，除非特殊设计，排料时应顺向排列。

当面料上的花型图案加工成服装后，要求在主要部位的花型完整，这就是服装生产中的对花。对花的花型一般是丝织物上的福禄寿喜等团花纹样，对花的部位也主要在衣身前片、口袋与衣身、袖子与前身等处，如若前身两片在门襟处要对花时，应考虑到门襟重合后花型的完整。

（3）条格面料的排料　在处理上下无方向性条格面料时，一般将后衣片、袖片中心线和条格纹的纵向纹路对合；格纹还要考虑衣片水平方向横纹的对齐；衣服前片侧缝线与袖子的袖身条纹对齐；衣服前片做到左右对称，纹路水平对齐；衣领和后衣片的中心线对齐条纹；贴袋和衣身条格纹对齐。如图3-4-2所示，上装衣片、袖片的对格对条，尤其注意大袖片和

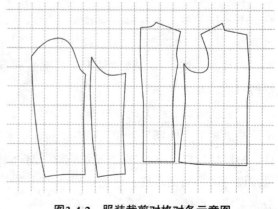

图3-4-2　服装裁剪对格对条示意图

前衣片上的袖吻合点要在一条水平线上。

3.面料局部瑕疵的处理

对于有色差、疵点、污渍等局部质量问题的面料，在裁剪排料时应当适当调整纸样，尽量将不足之处安排在次要的不太显眼的部位。例如，对色差明显的面料可巧妙地将色差等级接近的部位排在身体侧位的相互缝合之处，如衣身的侧缝、裆缝等处；并且应当注意零部件与大身衣片就近排列，以降低色差等级。

4.合理用料

服装面料在裁剪时应本着节约用料的原则，在满足服装设计与制作要求的前提下，尽可能地减少用料。合理的排料方法既能提高面料使用率、节约服装成本，又能合理利用裁片，提高服装质量。

1）在排料时，应先排主要部件、后排附件，最后排零件，且必须照顾零件，避免面料不够。

2）服装样板形状不同，在排料时可根据其边线的形状采取直对直、斜对斜、凸对凹、弯与弯相顺的原则，尽量减少样板之间的空隙，提高用料率。

3）裁剪排料要做到合理、紧密，注意服装主附部件、零件的经、纬纱向要求。不明显的部件和零件，可以适当互借和拼接，尽可能节约用料。

4）当批量生产时，同一裁床上可将不同规格的样板互相搭配，统一安排，提高面料使用率。

第四章

服装缝制基础知识 👕

🔘 第一节　常用服装缝制工具

服装缝制技术是成衣技术的关键步骤。衣片通过缝制设备、手工或两者结合，最终完成缝制过程，其间涉及了许多缝纫工具、设备的使用以及服装制作的工艺操作技巧。

常用服装缝制工具包括手缝针、针箍、缝纫机针、裁剪刀、纱剪、划粉、软尺、直尺、点线器、锥子、镊子、珠针、针插、螺钉旋具、梭芯、梭壳、熨烫工具等。下面介绍各种缝制工具，熨烫工具在第五章专门介绍，其他在前面介绍过的工具也略去。

一、手缝针和针箍

1.手缝针

手缝针也叫手针，是手工缝纫时使用的钢针，其顶端尖锐、尾部有小孔，如图4-1-1所示，小孔可将缝线穿入。手缝针按长短粗细分型号，号码越小针越粗长，号码越大针越细短。

手缝针一般有15个型号，即1~15号。服装缝制时，要根据缝料的厚薄和工艺要求，选用不同型号的缝针，否则会发生弯针、断针、拔不出针、破坏衣片等状况。一般丝绸、棉布等较薄面料选用7~9号针；毛呢、绒布等较厚而硬实的部件或部位，选用4~6号针。手缝针的选用可参见表4-1-1。

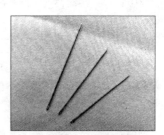

图4-1-1　手缝针

表4-1-1　手缝针的型号与用途

针号	1	2	3	4	5	6	7	8	9	10	11	12	13	14	15
直径/mm	0.96	0.86	0.86	0.80	0.80	0.71	0.71	0.61	0.56	0.48	0.48	0.45	0.39	0.39	0.33
长度/mm	40.5	38	35	33.5	32	30.5	29	27	25	25	22	22	29	29	22
用途	缝制被褥、帆布用品等		缝制较厚呢料服装、锁眼、钉扣、装垫肩等		缝制一般毛呢料服装，也用于在中厚型料上锁眼、钉扣		缝制一般薄料服装，也用于在薄料上锁眼、钉扣		缝制精细的丝绸类服装		刺绣		在薄料上刺绣或钉装饰亮片、珠花等		

2. 针箍

针箍又称顶针，一般常用金属（如铜等）制成，如图4-1-2所示。它呈环状，表面有较密的小凹坑，不分型号，只分死口和活口两种。现在顶针一般为活口，便于调整大小。使用时，顶针套在右手中指第二关节上，起顶住针尾助推行针的作用。顶针挑选时应选小凹坑较深、大小均匀的。

图4-1-2　针箍

二、缝纫机针

缝纫机针是缝纫成缝的主要机件，它解决了现代服装制作中主要用线进行缝合的问题。当前，随着不同缝纫设备的发展、新型服装材料的应用，缝纫机针的种类不断增多，到现在缝纫机针已经发展到4000多种，其制作材料、结构、规格和性能等多有不同、功能各异。正确了解和使用缝纫机针，是顺利完成服装缝纫的保证。

缝纫机针从大类上可以分为家用机针和工业用机针两大类。家用机针主要适合家庭型缝纫机使用，适合于

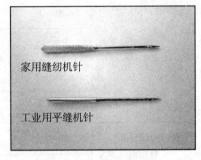

家用缝纫机针

工业用平缝机针

图4-1-3　缝纫机针

低速的普通缝合，一般机针的针柄是半圆柱形；工业用机针主要适合中高速的缝纫机使用，适合大批量的服装生产，普遍使用的工业平缝机的机针针柄是圆柱形。如图4-1-3所示。对于不同的缝纫工序，需用特定的缝纫设备，对应的工业机针品种多样，如平缝机针、包边机针、绷缝机针等；这些不同类型的工业机针，其针体外形或直或弯，一般多数缝纫设备用直针，而暗缝机、绗缝机等用弯针来完成缲边、纳驳头等。

另外，缝纫机针也按针杆粗细用号型表示，但正好与手缝针的表示方法相反，针号越小针就越细，针号越大针就越粗。在机针使用中，必须根据缝纫机型号、缝料性质选择机针的型号和规格。表4-1-2列出了我国目前常用的机针针号中常用的三种，"号制""公制""英制"的近似对应关系。

表4-1-2　机针针号对照表

号制	6	8	9	10	11	12	13	14	15	16
公制	55	60	65	70	75	80	85	90	95	100
英制		022	025	027	029	032	034	036	038	040

号制：用若干号码表示，号码越大，针杆越粗。

公制：公制针号的表示方法用针杆直径（mm）乘以100，针号间档差为5。如65号针，针杆直径为$d=65/100=0.65$。

英制：英制针号的表示方法用针杆直径乘（英寸）以1000表示。

另外表4-1-3列出了几种常用工业缝纫机针的国内外型号对照。

表4-1-3　常用工业缝纫机针的国内外型号对照

缝纫机种类	中国	美国	日本	德国	机针全长/mm
平缝机	88×1	88×1	DA×1	1128/SY1361	33.4~33.6
	96×1	16×231	DB×1	1738/SY2254	
包缝机	81×1	81×1	DC×1	621/SY1225	33.3~33.5
	DM13×1	82×13	DM×13	866/SY1246	
锁眼机	71×1	71×1	DL×1	431A/SY1526	37.1~39
	136×1	142×1	DO×1	1778/SY1413	
	557×1	71×5	DL×5	18070/SY1526	
	DP×5	135×5	DP×5	134 797/SY1945	
钉扣机	566平面	175×7	TQ×7	2091/SY4531	40.8~50.5
	566四眼	175×1	TQ×1	1985/SY2851	

三、缝纫辅助工具（图4-1-4）

（1）**梭芯、梭壳**　梭芯、梭壳是缝纫机上的配件，成套使用。梭芯用于绕底线，梭壳用于装梭芯。

（2）**针插**　针插为插针的用具，又称针座，一般用布或呢料包一些棉花、喷胶棉等物品制成。可根据自己喜好做成各种各样的。一般用时套在手腕上，珠针等插于上，便于使用，不易丢失，还能使针保持光洁、润滑，不生锈。

（3）**珠针**　珠针用于服装的立体裁剪，或者在缝制时临时固定多层衣片，防止上、下层错位。

（4）**纱剪**　纱剪用于剪线头或拆线，个头小巧，灵活，便于使用。

（5）**锥子**　锥子为缝纫辅助工具，可用于领角、衣角的翻出，也可用于拆线。在缝纫时，也可用于前推上层布料，利于衣片对位缝合等。

（6）**镊子**　镊子为缝纫辅助工具。镊子主要是钢制，既可以拔线头、疏松缝线，又能辅助穿线等。

（7）**拆刀**　拆刀缝纫辅助工具。一般是木制或塑料制握柄，铁制扁平头，主要用于做错缝线的拆除。使用时利用叉形的尖挑入缝线，然后用叉形刀割断缝线，从而方便地拆掉错线。

（8）**螺钉旋具**　根据需要选用不同型号的螺钉旋具使用。如小螺钉旋具可以用来装卸机针，大螺钉旋具可用来拆装压脚、调节螺钉等。

梭壳、梭芯

针插

珠针

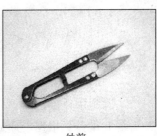
纱剪

镊子

拆刀

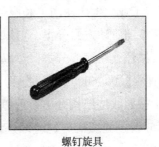
螺钉旋具

图4-1-4　缝纫辅助工具

⊞ 第二节　常用服装缝制设备

一、服装缝制设备概述

缝制设备是服装加工的主要设备，它承担了生产工序中的缝合、包缝、缲边、绱袖子、锁眼、钉扣、装饰等多种作业。近年随着服装材料的丰富、服装款式的变化以及服装品种的增多，对服装的加工缝制提出了更高要求。当前，服装缝制设备已经成为具有高科技含量的专业化机种，据统计全世界已有4000多种型号，并且还推出了大量的缝纫机附件，极大地提高了生产效率和产品质量。

1.缝纫机型号的表示方法

对于国产各类缝纫机产品的编码，目前我国使用的是《缝纫机型号编制规则》（QB/T 2251—1996）。按照此规则，缝纫机头型号采用汉语拼音大写字母和阿拉伯数字为代号，表示使用对象、特征、设计顺序及派生型号等。

缝纫机型号的第一个字母表示使用对象："J"表示家用缝纫机；"G"表示工业用缝纫机；"F"表示服务行业用缝纫机。

缝纫机型号的第二个字母表示缝纫机的挑线、钩线机构特征、缝型和线迹类型等。它是了解缝纫机性能、特点、用途的重要信息。

型号中其他含义可具体参见GB4514-84《缝纫机产品型号编制规则》。

示例：

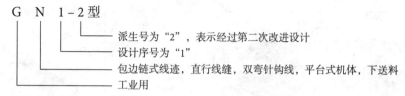

G N 1－2型

派生号为"2"，表示经过第二次改进设计
设计序号为"1"
包边链式线迹，直行线缝，双弯针钩线，平台式机体，下送料
工业用

2.缝制设备分类

缝制设备可根据使用对象、性能、结构、外形、用途等进行分类。

（1）按照使用对象分类 可以分为家用缝纫机（适于家庭使用）、工业用缝纫机（适于服装工业化生产使用）和服务性行业用缝纫机。

（2）按照驱动方式分类 可以分为手摇式、脚踏式和电动式。

（3）按照缝纫速度分类 可以分为中低速缝纫机（车速在3000r/min以下）、高速缝纫机（车速在3000~6000r/min之间）和超高速缝纫机（车速在6000r/min以上）。

（4）按照线迹结构分类 可以分为单线链缝缝纫机、双线链缝缝纫机、梭式缝迹缝纫机、绷缝线迹缝纫机、包缝线迹缝纫机、复合链式线迹缝纫机、无线迹缝纫机、特殊线迹缝纫机等。

（5）按照机头外形分类 可以分为平板式机头、悬筒形机头、箱体式机头、柱形机头、弯臂形机头等，如图4-2-1所示。

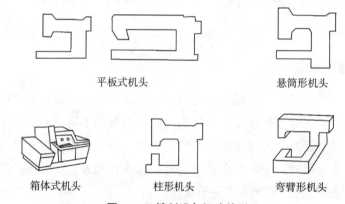

平板式机头　　　　　悬筒形机头

箱体式机头　　柱形机头　　弯臂形机头

图4-2-1　缝制设备机头外形

二、常用缝制设备简介

1.家用缝纫机

家用缝纫机主要分为脚踏式缝纫机和电动式缝纫机两种，如图4-2-2所示。

脚踏式缝纫机主要由机头、机架、脚踏板、传送机构等组成。在机头上有针杆、线钩、挑线、摆梭、梭子等成线机件及压脚、送布牙等送布机件。用脚踏作为动力源，通过传送带带动机头转轮、成缝器、送布机构同时工作，进行缝纫。目前，脚踏式缝纫机由于缝纫功能单一，在很多家庭都已被淘汰，取而代之的是电动的多功能缝纫机。

目前市场上的家用电动式缝纫机一般都具有缝纫多种线迹的功能，它一般由电机、机头、脚踏板、电源插头等组成。家用电动多功能缝纫机在使用时，可以简单地通过旋钮进行线迹预设后，脚踩踏板运行就可以轻松完成缝纫，它是目前家庭服装制作的好帮手。一台仅有基础配置的家用多功能缝纫机就可以轻松胜任服装制作中的缝合、锁边、锁眼、装饰线等基础缝纫了。家用多功能缝纫机的具体使用方法参见各机型的使用说明书。

脚踏式缝纫机

电动式缝纫机

图4-2-2　家用缝纫机

2. 工业平缝机

工业平缝机是服装行业现代化生产中使用数量最多的机种，承担了拼、合、缉、纳等多种工序任务，并在车缝辅件的帮助下，可以完成卷边、镶条、卷接等复杂工艺，成为服装企业最主要的缝纫设备。由于工业平缝机使用梭子成缝，故又称梭缝缝纫机，其线迹为双线锁式线迹。

工业平缝机按照缝纫速度可分为低速、中速和高速三类，其中高速平缝机的最高缝速能达到每分钟4000针以上。目前，由于高速平缝机都采用了自动润滑系统，且机件紧密、缝纫平稳、性能良好，在大型服装企业中普遍使用。另外，工业平缝机还在单针的基础上开发了双针机，更好地满足了服装加工要求，提高了生产效率，比如牛仔服装的贴袋、装饰明线的缝制等。

随着科技的不断进步，工业平缝机又在普通平缝机的基础上开发了电脑平缝机（又称自动平缝机），它不仅可以设定线迹式样，还拥有自动剪线、自动倒针、自动缝针定位等功能，大大提升了生产效率和产品质量，如图4-2-3a所示。

3. 包缝机

包缝机的功能是在服装缝制中采用特定线迹对缝料边缘进行切齐、包裹处理，使缝边不毛出，因此它是服装生产中必不可少的缝制设备。包缝机的发展经历了由单纯包缝到既能包缝又能合缝的功能提升。包缝线迹有单线、双线、三线、四线、五线、六线等多种形式。目前，服装加工中使用最多的是三线包缝机，它采用一根直针、两根弯针，用三根缝线形成的三线包缝线迹，既美观、牢靠，又抗拉伸，如图4-2-3b所示。另外，五线包缝机采用两根直针、三根弯针，可包缝、合缝同时进行，用五根缝线形成的复合线迹，既美观、牢固，又减少了生产工序，也成为服装企业普遍应用的机种，如图4-2-3c所示。

4. 锁眼机

锁眼机又称纽孔缝纫机，是加工服装纽孔的专用设备。目前的锁眼机，具有高速、自动、多机联动和电脑控制等特点，使用非常便捷。按照所开扣眼形状，可分为平头锁眼机和圆头锁眼机。平头锁眼机适合薄料、一般缝料服装的开纽孔，如衬衫、男女上衣、工装、童装等，如图4-2-3d所示；圆头锁眼机适用于中厚料、厚料服装（如毛呢料服装）的开纽孔。

5. 钉扣机

钉扣机是用于服装钉纽扣的专用缝纫机械，目前主要是缝钉两眼或四眼扁平纽扣。如果结合使用适当的纽扣夹持器，也可以缝制有柄纽扣、子母扣、风纪扣、缠绕扣等。如图4-2-3e所示。目前服装加工企业普遍使用的有单线链式线迹钉扣机和双线锁式线迹钉扣机（也称平缝钉扣机）两种。

6. 套结机

套结机也称打结机，它是一大类专用缝纫机的总称，如图4-2-3f所示。由于服装的不同局部如袋口、纽襻、背带、开口等部位需要固结抗拉伸，因此套结的式样、种类很多。套结机针对不同面料和套结针数可分为21针、28针、35针、42针；按套结机的缝型可分为平缝套结缝、形状套结缝、花样套结缝等。套结机在使用时可根据缝制部位的要求，在一定范围内调整套结长度和宽度。

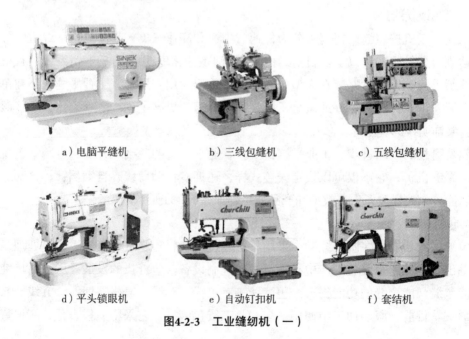

a) 电脑平缝机　　b) 三线包缝机　　c) 五线包缝机

d) 平头锁眼机　　e) 自动钉扣机　　f) 套结机

图4-2-3　工业缝纫机（一）

7. 链缝机

链缝机又称链式缝纫机，它根据直针个数与线数又分多种型号，如图4-2-4a所示。链缝机的最大特点在于它的线迹形成原理和平缝机不同。在缝制中平缝机需要不断更换底线，而链缝机无梭、底线直接从线轴抽出不需停机换线，生产效率提高。由于链缝机的缝制线迹具有强力大、线迹美观、弹性好、效率高的特点，在服装生产中应用越来越广泛，常用于衬衫、睡衣、运动装、牛仔装的缝制。

8. 绷缝机

绷缝机所形成的扁平状绷缝线迹拥有良好的弹性和强力，非常适合针织面料的缝制加工，它被广泛地应用于各类针织服装的拼接、绲边、饰边、滚领、绷缝加固、两面装饰缝等生产工序中。绷缝机按照机台外形、直针的数量，以及是否带装饰线等又可分为多种类型，比如广泛应用的平台式三针绷缝机、双针滚领机等，如图4-2-4b所示。

9. 缲边机

缲边机也称撬边机、暗缝机，主要用来对服装的下摆部位如裙摆、裤脚、各式服装下摆等进行缲边，配备上专业车缝辅件可以用于西装驳头的门襟衬加工。它的使用极大地解放了人力，既能将服装折边和衣身缝合，又能达到缲缝效果，正面不露线迹，效率高且质量有保证，是服装企业必备的专业缝制设备之一，如图4-2-4c所示。

10. 曲折缝机

曲折缝机又称之字缝缝纫机、人字缝缝纫机，俗称花针机、人字车，如图4-2-4d所示。它在普通平缝机的基础上增加了针杆的摆动后形成的线迹，具有线型美观、抗拉伸、坚固耐用的特点，广泛适用于内衣、泳装、手套、鞋帽、箱包等产品的曲折缝和拼缝作业。通过车缝辅件的加装还可以进行绣花、装饰缝纫等。

a）双针链缝机

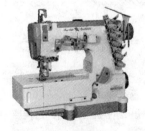

b）绷缝机

c）缲边机

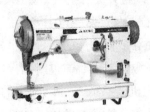

d）曲折缝机

图4-2-4 工业缝纫机（二）

在现代服装加工企业中，除上述介绍的一些常用缝制设备外，还有许多具有专业特种功能的缝纫机械在使用，如解决多层料同步缝制的针牙同步送布缝纫机、自动褶皱的打褶机、电脑自动上袖机、开口袋的自动开袋机、牛仔装的自动贴袋机、缝制各种图案的电脑绣花机等。相信随着服装新材料的开发使用、服装加工技术的提高，会有越来越多样的缝制设备出现。

 知识拓展：服装生产设备

服装生产设备的发展是随着服装加工业的发展而逐步发展起来的。自1790年英国人托马斯·赛特首先发明了世界上第一台单线链式线迹手摇缝纫机开始，1882年美国胜家公司发明双线锁缝缝纫机，再到1909年出现的电机驱动的缝纫机，而后伴随着20世纪80年代计算机技术的飞速发展，服装生产设备迈向一机多用、多功能的发展方向。而今，大型的服装生产企业拥有了从布料准备、裁剪、缝纫、熨烫再到成品包装的全套的机械设备，大大提升了生产效率和产品质量。服装生产设备的发展与壮大成就了现代服装产业的辉煌。

目前，服装生产设备可分为准备设备、裁剪设备、缝制设备、粘合设备、熨烫设备和检清设备六大类。除前面介绍的缝制设备外，其他大类的设备简介如下：

准备设备有验布机、预缩机、拖铺机、断布机等。

裁剪设备有自动裁床、裁剪机、钻布机、切割机等。

粘合设备有粘合机等。

熨烫设备有熨烫机、压烫机、定型机、电熨斗、自动抽湿烫台等。

检清设备有吸线头机、检针机等。

除此之外，大型服装企业还有全自动吊挂传输系统、服装CAD/CAM系统等。

第三节 工业平缝机的结构

一、工业平缝机的基本结构

工业平缝机的整机由机头、工作台板、机架、电动机、脚踏控制装置、底线绕线架、线架和电动机开关等组成，如图4-3-1所示。

工业平缝机的机头是其主要缝纫设备，在机头上安装有机针，设有调节面线、压脚压力、倒缝等多种功能的部件。机架和台板构成机头的支撑物和缝纫用工作台面，电动机是动力来源。工作时通过脚踏控制装置控制平缝机的起动、运行、快慢和停止等动作。平缝机的机架高低是可以调节的，可以使操作工处于比较舒适的工作姿态。近年来，随着自动控制技术的发展，在平缝机上增加了自动控制装置，形成现在人们通常说的电脑缝纫机。

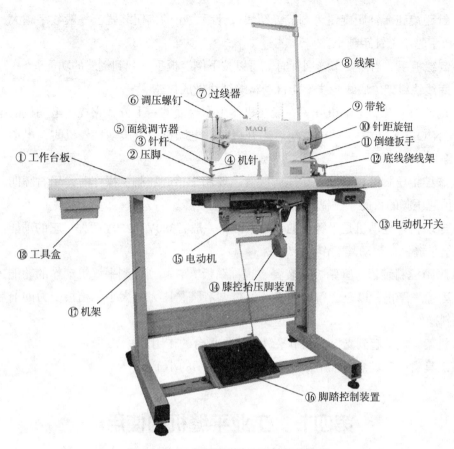

图4-3-1 工业平缝机的主要部件示意图

二、工业平缝机的主要部件与功能

工业平缝机的主要部件与功能如下：

① **工作台板** 工作台板提供了缝纫时的工作台面。

② **压脚** 压脚用于压制布料，固定布料不让其左右移动。

③ **针杆** 针杆是固定机针并带动机针运动的部件。

④ **机针** 机针装在针杆下端，是进行缝制操作的主要部件之一。

⑤ **面线调节器** 面线调节器可以用来调节面线张力，以便与底线协调，保证缝纫要求。

⑥ **调压螺钉** 调压螺钉位于机头的左上方，用于调节压脚压力。

⑦ **过线器** 过线器辅助将线架上的缝纫线引导到机头前端，便于后续的穿面线工作。

⑧ **线架** 线架用于放置缝纫线。线架的高度可以根据需要调节。

⑨ **带轮** 带轮在机头右侧，它将电动机的动能传递给平缝机。它有时可以用手转动，起着调节针距的作用。缝制正进行时严禁触碰带轮。

⑩ **针距旋钮**　针距旋钮为调节缝纫线迹针距大小的旋钮装置。一般数字越大，针距越大；数字越小，针距越小。

⑪ **倒缝扳手**　当需要车缝回针时，可以按下倒缝扳手，起到倒缝的功能。

⑫ **底线绕线架**　底线绕线架能自动将缝纫线做成梭芯。

⑬ **电动机开关**　电动机开关一般在机器工作台面的右下方，它控制电动机的电源。通常有ON/OFF（开/关）两个按钮。当开机时，电动机微有震动；停机时，电动机缓慢运转后停止。

⑭ **膝控抬压脚装置**　膝控抬压脚装置主要用于抬起压脚。操作时，用右膝向外推即可达到抬起压脚的目的；收拢右膝时，压脚随之下降。

⑮ **电动机**　电动机是平缝机的动力来源，一般有380V和220V两种。它的动能由传动带传动给平缝机，带动其工作。

⑯ **脚踏控制装置**　脚踏控制装置，也称踏板。它起到控制平缝机动作的功能，包括起动、运行、停止，以及运行的快慢。通过调节脚踏压力的大小、踏板受力的前后位置等来控制操作。

⑰ **机架**　机架起到支撑、调节平缝机工作平台的作用。

⑱ **工具盒**　工具盒通常用来放置一些服装缝纫的小工具。

第四节　工业平缝机的使用

一、服装缝纫常用术语

（1）**针迹**　指缝针穿刺缝料所形成的针眼。

（2）**针缝**　连续不断的针迹叫作针缝。

（3）**线迹**　指沿送料方向在缝料上相邻两针迹间的缝线组织。

（4）**线缝**　若干连续的线迹构成线缝。按形状、用途、作用等可分为直线形线缝、曲线形线缝、装饰线缝、暗缝线缝、锁钮孔状线缝、直线形和曲线形组合线缝等。

（5）**面线**　指穿在机针孔内，露在缝料上面的缝线。

（6）**底线**　指从梭芯引出的缝线，即露在缝料下面的缝线。

（7）**针距**　指在每一次缝纫时，机针两次穿过缝料的间距，即每个线迹的长度。

（8）**线数**　指构成线迹的缝纫线根数。

（9）**线迹结构**　指缝纫线在线迹中的相互配置关系。

（10）**线迹密度**　指单位长度内的线迹个数。

（11）**顺向送料**　指在缝纫时，向缝纫者前方送料。通常适用于底、面线构成双线连锁式线迹的各种缝纫机。

（12）**倒向送料**　指在缝纫时，按顺向送料的相反方向送料。

（13）**缝厚**　指缝纫时缝料厚度。

（14）**缝薄**　指缝纫时缝料薄度。

（15）**层缝**　指缝纫的缝料的二～八层的层数。

（16）**缝料**　指缝纫中使用的布料或针织品。

（17）**跳针**　指在缝纫时缝料面线和底线不能交织构成线迹。

（18）**断针**　指在缝纫时机针突然被折断。

（19）**浮线**　指已构成的线迹，但由于面线和底线间的张力不匀，缝线在正面或反面显著隆起的现象。

（20）**起皱**　指已构成线迹后，缝料有明显的皱褶，如拉平缝料会引起缝线连续断裂的现象。

（21）**丝环**　指在缝纫时面线在机针孔处所形成的环形线圈。

（22）**噪声**　指机器在正常运转时，发出不正常而强烈的声音。

（23）**振动**　指机器在正常运转时，所产生的不正常而强烈的抖动。

（24）**压力**　指缝料在压脚与送布牙之间所受的力。

（25）**张力**　指在构成线迹的过程中，缝线所承受的拉力。

（26）**转动力矩**　指缝纫机从静止状态到转动所需的驱动功率。

二、工业平缝机的基础操作

1. 基本操作姿势

工业平缝机的基础操作姿势应做到正确、到位，否则容易引起疲劳，影响生产效率和生产质量。工业平缝机的基本操作姿势如图4-4-1所示。一般姿态自然，上身保持自然平直，身体坐稳在座椅上，约占满椅面的2/3，双臂自然平放于台板上，双脚轻放于脚踏装置上，头部正中对齐针杆，状态轻松舒适。

图4-4-1　工业平缝机的基本操作姿势

做到姿势正确到位，应注意以下几点：

（1）**选定座椅高度** 操作者在上机前先确定座椅高度，以避免身体因姿势不当而疲劳。座椅高度以操作者坐上座椅后，双脚平放于地，小腿与大腿基本成直角，大腿保持水平位置为宜。

（2）**调节工作台面高度** 确定工业平缝机的工作台面高度时，通常让操作者坐下后，将手肘平放于台面上，以小臂和上臂姿态自然舒适为好。当姿势不适时，通过调整机架来调节工作台面高度。

（3）**调节膝控抬压脚装置高度** 膝控抬压脚装置，就是由膝盖控制操纵杆来完成抬压脚的功能，可以替代手部扳动调压脚扳手的操作。膝控抬压脚装置的高度应让其触碰面对其操作者的右膝正外侧，避免偏斜，如图4-4-2所示。

（4）**缝制操作时双脚位置** 当缝制作业时，操作者的双脚一般应轻放于踏板上，左右脚前后稍错位，左脚稍靠后，右脚稍向前，如图4-4-2所示。这样的脚位和平缝机的脚踏控制装置的功能相协调。

（5）**缝制操作时双手位置** 当缝制作业时，操作者一般双手一前一后，左手在前，引导缝料运动方向；右手在后，负责控制后段走势和缝料上下层吃势，如图4-4-3所示。

图4-4-2 膝控抬压脚装置位置及
缝制操作时双脚位置

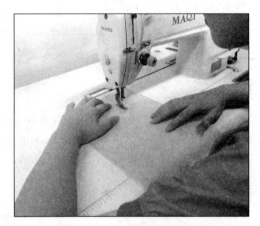

图4-4-3 缝制操作时双手位置

2.基础操作

（1）**选择机针与缝纫线** 工业平缝机的机针类型较多，形态多样。缝制服装的机针多为圆锥形和球形针尖，有助于扩展纤维不损坏织物；缝制皮革和帆布时，多采用交叉针尖、扁平针尖、菱形针尖和方形针尖，便于切割和扩展缝料。通常缝制薄、脆、密的缝料选用小号（细）针，针孔不会太大；而缝制厚、软、疏的缝料选用大号（粗）针才能穿透面料，而不损坏机针。在机针安装之前，首先应选择正确的型号、针号，然后检查机针的质量，看针杆是否平直不弯曲、针尖是否锐利或弯尖、针孔是否光洁便于缝线通过等。

缝线的选择应考虑其可缝性、强度和均匀性，保证缝合牢度。高速缝纫时其面线首选左旋线（即Z捻线），要求捻度适中，而底线选用左、右旋线（即S捻线）均可。可采用下面的方法鉴别缝线旋向，如图4-4-4所示。双手将缝线捏住，左手固定不动，右手拇指从上向下将缝线在食指上搓转，若股线越搓越紧，则为左旋线，反之，为右旋线。

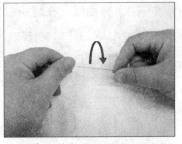

图4-4-4 缝纫线的捻度鉴别

在缝纫时，缝纫机针、缝料、缝线三者的匹配应如表4-4-1所示，合理匹配，才能取得良好的缝纫效果。

表4-4-1 机针、缝线、缝料的匹配

机针型号	缝线/tex	缝料
9	12.5~10（80~100公支）	极薄料，乔其纱、绉纱等
11	16.67~12.5（60~80公支）	薄料，丝绸、府绸等
14	20~16.67（50~60公支）	普通料，棉、毛织物
16	33.33~20（30~50公支）	中厚料，毛织物、薄皮革等

（2）安装机针 正确选择机针后就可以进行安装了，初学者装针时应首先切断电源。

1）操作时先转动手轮，使装针杆上升到最高位，释放压脚按钮，让压脚自动落下，如图4-4-5a所示。

2）然后旋松支针螺钉，左手拿住机针针杆，将机针向上直抵装针杆孔底，并使机针浅槽一侧正对勾线器方向，右手拿小号螺钉旋具旋紧支针螺钉，装针完成，如图4-4-5b所示。

a） b）

图4-4-5 机针的安装

（3）**穿面线** 在缝纫机操作之前，穿引面线非常重要，如果错穿或漏穿，缝纫时就会断线、卡线，甚至一针也不能缝。

1）操作时首先关闭电源，然后抬起压脚扳手，使压脚升高，如果在压脚不提升的情况下，会把线张力拉紧，为了穿线方便不得不提升压脚提升杆。然后用右手转动手轮，直到机针调到最高位置，露出挑线杆，如图4-4-6a所示。

2）将缝纫线放于线轴架上，依序将缝纫线穿过缝线钩、导线器、"U"字形过线器、挑线杆、导线沟、机针针眼等，完成穿线，如图4-4-6b所示。

a） b）

图4-4-6 穿面线

（4）**绕底线** 绕底线时先抬起压脚，以防送布牙磨损。然后将梭芯插入绕线转动轴上，缝线在梭芯上绕几圈，按下满线跳板，使绕线轮与皮带接触绕线。如图4-4-7所示，白色虚线内所示为绕线装置。当绕线结束时满线跳板脱开，绕线轮自动停止转动，绕底线完成，将梭芯取下。正常绕线量为平行绕线至梭芯外径的80%，绕线过满则易脱散。

（5）**装梭芯、上底梭、引底线** 装梭芯时，先将梭芯上缝线预留5cm，缝线端对准自己，将梭芯放入梭壳。左手拿稳，用右手将线拉入梭壳缺口内，并顺势将缝线向左拉入弹性铁片夹里去，再向后拉出10cm线头备用，如图4-4-8所示。

满线跳板

图4-4-7 绕底线

上底梭时，先将底梭盖板打开，用左手捏住梭壳和抓把，将装有梭芯的梭壳中心孔对准梭床套入，放下抓把，底梭自动锁定，如图4-4-9所示。

图4-4-8　装梭芯　　　　　　　　图4-4-9　上底梭

引底线时，左手将面线线头捏住，转动手轮使针杆下降，向下运动，再回升到高位，此时随机针运动，底线成线圈状被牵引上来，如图4-4-10所示。通常缝纫时，会用右手捏住线圈将底线拉出，并将面线、底线整理好，一起放置于压脚下方，做好缝纫准备。

（6）**调节针距**　工业平缝机的针距调节可通过转动针距标盘改变。针距调节器在机头的右端，其标盘数字表示针距的长度（mm），数值大针距长，数值小针距短，如图4-4-11所示。

图4-4-10　引底线　　　　　　　图4-4-11　调节针距

针距大小一般根据缝料性质确定，一般以3cm内的针数为计量单位，称为针码密度，不同的缝料、缝型等都有不同要求，并非针数越多越密就越好。在表4-4-2列出了部分缝料与针码密度的匹配关系。

表4-4-2　部分缝料与针码密度的匹配关系

缝料	针码密度/（针数/3cm）
薄料	16~18
普通料	14~16
中厚料	12~14
粗纺料	9~11

（7）**倒顺缝** 工业平缝机绝大多数线缝是顺缝。当需要倒向缝制如倒针时，可以操作机头右下侧倒缝控制杆，将其下按，即能倒缝；当手放开时，倒缝控制杆自动复位，又进行顺缝，如图4-4-12所示。

（8）**调节压脚压力** 压脚压力要根据缝料的厚薄进行调节。通常缝制薄料时，压脚压力应小些，厚料时则大些。压力调节时，先旋松机头顶部的调节螺钉上的锁紧螺母。厚料对应压力大，可旋入调节螺钉，薄料可对应旋出螺钉，压力减小。调节完成后，应旋紧锁紧螺母，防止调节螺钉松动，缝纫时压力改变，如图4-4-13所示。

图4-4-12 倒缝操作

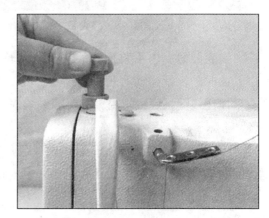

图4-4-13 压脚压力调节螺钉

（9）**调节缝线线迹** 普通工业平缝机的线迹是双线锁式线迹。它由带面线的机针和带底线的梭子运动配合实现的。当两根缝线在缝料上、下面相互有规律交织，配合正确时，缝线的交织点正好处于缝料厚度中间，缝线不紧不松，整齐美观。但面线、底线配合不当时，就会出现多种不良线迹，需要观察线迹形成情况来调整。

缝线张力是影响缝制时能否形成合格线迹的重要因素。通常情况下采用先调节底线张力，再调节面线张力的程序，如图4-4-14和图4-4-15所示。

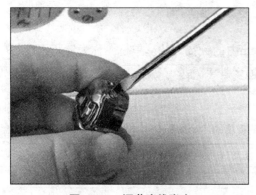

图4-4-14 调节底线张力

选用小号螺钉旋具旋转梭壳上的梭皮螺钉，加大或减小底线张力即可。

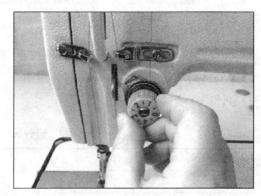

图4-4-15 调节面线张力

面线张力以底线张力为基准。面线张力的调整主要通过调节夹线螺母来实现，进行试缝后，观察线迹形成情况来调整。

底面线线迹形态示意

（以工业平缝机的双线锁式线迹为例）

A. 正确线迹（图4-4-16）

面线、底线张力适当，面线、底线的交合点恰好处于缝料中间，缝线不紧不松，整齐美观。

B. 不良线迹（图4-4-17）

不良线迹有：浮面线、浮底线、线迹松浮、缝料皱缩等。

图4-4-16　正确线迹

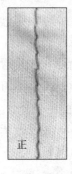

正　反

浮面线
　　表示底线紧，说明底线张力过大，应将梭皮螺钉旋松。

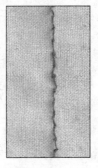

线迹松浮
　　表示面、底线都松，应同时调整面、底线的张力，使之配合。

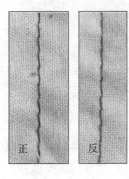

正　反

浮底线
　　表示面线紧，说明面线张力过大，应逆时针旋转夹线螺母，放松面线压力。

缝料皱缩
　　表示面、底线都紧，应将上线夹线螺母与梭皮螺钉同时调松。

图4-4-17　不良线迹

3. 缉缝练习

（1）平缝机的起动和停车　初次练习前，先旋松离合螺钉，抬起压脚，然后用右手大拇指按下"ON"按钮，伴随机台的轻微震动，能听到电动机轻弱的嗡嗡声。电动机运转后，此时双脚轻放踏板上，右前脚掌逐步下压踏板，起动平缝机，保持压力，使机器匀速运转，当及时撤回踏板压力时，缝机停车，电动机逐步减慢转速。在操作时，注意不要突然用力起动，当右前脚掌下压没起动时，应抬起脚掌使踏板复位，然后再重复下压，直到缝机起动。

（2）平缝机缝制速度控制练习　平缝机的脚踏装置控制着机器的缝制速度。正确熟练地控制脚踏装置，能控制缝制速度。当双脚轻放在踏板上不加力时，缝机不转动；当右脚稍用力时，为慢速车缝状态；当右脚尤其是右脚前脚掌用力踏下时，一般为高速车缝状态；当双脚后部将踏板向后踏下时，缝机停止工作。在用脚控制缝速时，尤其注意避免踩踏踏板瞬间用力过大，而导致电动机突然高速运转，出现危险。

在练习时，先旋松离合螺钉，抬起压脚扳手，不装机针，而后起动电动机进行操作练习。坐姿正确后，脚尖逐渐轻轻踏下踏板，使机器慢速运转，而后控制脚上压力，使机器中速、快速等运转，并做到转速变化自如，学习控制电动机停止，做到用踏板控制缝制速度收放自如的程度。

（3）**空车缉纸练习**　先准备好双层牛皮纸，然后旋紧离合螺钉、装上机针，开启电源，在不穿面线、不装底梭的情况下，踏下踏板，起动缝机，进行空车练习。练习时注意手的位置和动作，做到手脚配合，以先在纸张上缉缝出均匀直线线迹开始，逐渐过渡到弧线、几何形、平行线等。初始练习时，可以在纸张上画出缉缝线迹，然后按线迹缝制，做到针迹和线迹重合，不偏离；注意缝制速度，在线条转角时，要慢速甚至停车，待抬压脚转动纸片到下一线迹方向后再继续。空车缉缝时可参照图4-4-18所示，先进行如直线、折线、三角形、方形等直线练习后，再进行波浪形、圆形、椭圆形等弧线练习，磨合手、眼、脚协调动作，做到针迹齐整、直线不弯、弧线圆顺、操作自如。

（4）**缉布练习**　掌握了以上的缝制训练后，就可以进行在布料上的装针穿线练习了。准备好20cm×20cm的布料两片，装好机针，穿好面线和底线。起动电动机，将布料放在压脚下，双手扶持布料，轻踏踏板，先进行直线缝制练习，注意做到不跳线、不断针，必要时调整底面线张力，保证线迹平整、直顺。

在练习时，注意双手控制布料的力度和方向。当缝制两层或多层布料时，左手按住上层布料往压脚处推送，右手捏住下层布料稍向后拉，使上下层送布量一致，当转方向时应手上动作轻缓顺畅，不要突然转向或用力过大，否则线迹不顺畅，有时会断针。当缝制完成后做到布身平整、线迹牢固、松紧适宜。

掌握熟练后，逐步过渡到弧线、几何形等，并练习使用倒缝扳手，在缝线的起始和结束处要右手控制倒针杆，左手扶料，加固缝制2～3次，针迹长度约1cm，线迹重合。

图4-4-18　空车缉缝练习线形及图样

三、工业平缝机的常见故障及排除技巧

工业平缝机在工作中可能出现各种故障，它急需正确快速地排除，否则既影响产品质量又降低生产速度。工业平缝机的常见故障有断针、跳线、断线、浮线、噪声等，表4-4-3列出了工业平缝机常见故障分析。

表4-4-3　工业平缝机常见故障分析

故障现象	常见故障原因	排除方法
偶然性断针	1. 由于缝纫粗、厚料时，用针太细，使机针在上下运动时，机针的垂直发生左右偏移	1. 选用与缝料相适应的机针
	2. 机针弯曲，针尖毛，支针螺钉没有旋紧	2. 旋紧支针螺钉，更换新针
	3. 由于缝制厚薄不匀的缝料时，机器速度太快，机针发生位移和旋梭碰撞而折断	3. 放慢缝纫速度
	4. 在缝纫进程中用力推拉缝料，引起机针弯曲而断针；以及手脚配合不协调而造成	4. 弄懂操作规定和操作方法，正确使用机器
连续性断针	1. 压脚压板槽严重歪斜，压脚紧固螺钉没有旋紧。针板容针孔和机针同心度差。下轴轴向间隙过大	1. 合理调整好各零件的位置和间隙。对机针和机板同心度差的机器，应调整针板位置或在机针升高到最高位置后，敲击针杆下端处，校正中心位置
	2. 旋梭尖嘴平面低于梭架容针槽的平面	2. 使容针槽的平面低于旋梭尖嘴平面0.15mm或者相平，使梭架容针槽既不碰针又能起护针作用
	3. 旋梭和机针的间距、间隙、高低位置不对	3. 根据要求合理调整。调整方法见有关内容
	4. 送料牙与针杆运动时间位置不对，造成针刺时，送料牙还在送料而造成断针	4. 根据要求合理调整偏心轮的位置，当机针离缝料还有2~3mm时，送料牙应送料结束
断面线	1. 机针针孔边缘有锐角或针槽毛	1. 抛光针孔后使用或换新针
	2. 面线各过线孔部分拉毛，缝线运动时受阻	2. 用砂皮打光，再用线涂上抛光膏拉光或抛光
	3. 缝厚料用线细	3. 相应更换缝线
	4. 缝线强度太差	4. 更换缝线
	5. 压线力太紧，缝线运动困难	5. 适当旋松夹线紧固螺母
	6. 旋梭内槽有锐角，将缝线碰伤，抽纱断线	6. 将旋梭内槽用抛光膏抛光，然后试装，或者更换新的
	7. 旋梭定位钩与梭架凹扣配合不当	7. 调整旋梭定位钩的配合
	8. 针过热把化纤熔断	8. 对化纤线采取机针冷却
	9. 针板容针孔边缘有毛刺、锐角以至碰伤缝线	9. 用砂皮拉光，但不能磨得过大，太大会引起跳线
	10. 机针的位置装错	10. 纠正机针的位置
	11. 机针弯曲	11. 更换质量好的机针
	12. 针杆上下行程不对，针杆曲柄上的挑线曲柄定位螺钉没有定位在挑线曲柄的凹槽内，或定位方向错误	12. 重新定位可纠正错误的定位方向

（续）

故障现象	常见故障原因	排除方法
断底线	1. 梭芯线绕得太满、太松、太乱，使底线在缝纫过程中出线不爽，造成断线	1. 合理修正绕线器，使梭芯上的绕线达到均匀、紧凑、整齐即可
	2. 梭芯太大，运转不灵活	2. 适当改善梭子与梭芯的配合
	3. 送料牙位置过低，造成送料牙底部快口处和底线出线的距离过小，使底线和牙齿底部快口发生接触摩擦	3. 合理调整送料牙的高低位置，或拆下送料牙用细砂布拉光牙齿底部的快口处
	4. 梭皮压底线口由于磨损而造成快口	4. 调换新梭皮
	5. 旋梭皮边缘发毛，擦断底线	5. 修磨旋梭皮边缘不光处
	6. 梭皮和梭子外壳配合不好，配合间隙有大小，出线张力不均	6. 合理调整梭皮和梭子外壳的配合间隙，使底线出线张力无变化
偶然性跳线	1. 在缝纫厚薄不均的缝料时，由于使用较细的机针，遇到较厚部分缝料时，使机针容易发生位移，而产生跳线故障	1. 应使用相应粗些的机针。缝纫厚薄不均的缝料时，应适当减慢缝纫速度
	2. 由于机针后壁歪斜未与旋梭成正交，造成旋梭勾线效果不佳	2. 适当调整好机针和旋梭的正交位置
	3. 缝线的质量不好，捻度不均匀，造成线环形成的稳定性不够	3. 通过选择合适的缝线来解决
	4. 由于缝制薄料制品时，错把细的缝线用粗的机针来缝纫，再加上压脚的压力过小	4. 通过调换机针，提高压脚的压力来解决
	5. 机针针尖不锐利，弯曲发毛	5. 调换机针
	6. 压脚压力过小	6. 调大压脚压力
断续性跳线	1. 由于机器的长期使用，使针杆的高低位置发生位移，再加上针杆连接柱、针杆连杆、挑线曲柄等零件的磨损而出现的间隙松动，出现跳线	1. 调换磨损的零件，按要求重新调整旋梭和机针的间距、间隙和高低位置
	2. 由于更换缝制品的种类而引起。特别是服装行业，往往一台机器要缝制各种厚薄、不同软硬的缝料	2. 除了针、线要符合要求外，及时合理地调整机器的旋梭和机针的间距。一般情况下，缝薄料间距为8~12mm，缝中厚与较厚料间距为0~12mm。同时，机针与梭针嘴平面间隙尽量小于0.10mm，最好在0.04~0.08mm之间
	3. 由于压脚底平面与针板平面、牙齿齿面不密合而引起的	3. 调整压脚和修磨牙齿，使三个零件的平面磨合
	4. 机针弯曲	4. 更换机针
	5. 机针过细或缝线过粗	5. 相应地更换机针和缝线
连续性跳线	1.底线线头留得太短，线环套不住底线	1.取出梭芯套，把底线拉出10cm
	2.机针经长期使用，或维护、保养不当，各零部件位置发生变化，达不到缝纫要求	2.调换不合格的零部件，调整好机针和旋梭尖嘴的间距、间隙和高低
	3.面线受针热影响变热	3.对化纤线采取机针冷却
	4.缝制特殊材料(如胶皮带、塑料等)，线环不能正常形成	4.放慢缝速，并增加面线的滑性(缝线通过蜡块、润滑油等)

（续）

故障现象	常见故障原因	排除方法
连续性跳线	5. 压脚槽太宽，当针刺布退出时，缝料移动而影响线圈，这种情况在缝纫薄料时影响最大	5. 根据缝料，将压脚移左或移右，或将宽槽用焊锡填满再开较窄的槽，并抛光或更换压脚
浮底线、浮面线	1. 由于送料与刺针的动作配合不对，造成底线、面线在交织过程中受阻，形成浮线故障	1. 通过合理调整偏心轮的定位位置来解决。调整时要求当机针开始刺料但离缝料2～3mm距离时，送料牙送料结束，这时，就是偏心轮的定位位置
	2. 夹线器压力过大造成面线张力大，浮面线；反之，夹线器压力不足，面线未夹入夹线板，造成面线张力小，产生浮底线	2. 正确调整底、面线的张力；浮面线可调小面线的张力，增大底线的张力；浮底线可调小底线的张力，增大面线的张力；并清除夹线板间、梭皮内的污物，适当调整挑线簧的张力
毛巾状浮线	1. 由于旋梭受到外力作用而损伤，勾线各部位有裂痕或毛刺，使面线无法顺利通过而造成毛巾状浮线的故障	1. 具体维修方法参照有关维修旋梭部分
	2. 由于面线夹线器操作失灵，或压脚压住缝料进行缝纫时，松线钩和松线顶失灵，造成面线在无张力的情况下缝纫，面线无法收紧，大量余线留在缝料下面	2. 可通过合理调整松线钩伸缩进出位置和夹线器的进出位置。使松线顶伸缩灵活，使夹线器既能松线又能压线
	3. 由于梭子圆顶的过线圆弧面严重生锈或有毛刺，使面线通过梭子圆顶过线圆弧处受到阻力	3. 用油石修磨圆弧处的铁锈和毛刺，并抛光达到一定的光洁度要求，使面线通过时无明显受阻现象
有时浮线，有时不浮线	1. 由于梭子和梭芯配合不佳，造成底线出线不均，使在缝纫过程中出现时浮时不浮现象	1. 通过选择配合较佳的梭芯来解决
	2. 梭皮和外圆配合的平整度不好，使不同的出线位置出线的压力不同，造成出线时好时坏的现象	2. 合理调整梭皮和梭子外圆配合的平整度，要求不同的出线位置，出线的压力基本相同
	3. 压脚压板下的出线槽太浅或太短，造成缝纫线迹向前移动时受到摩擦阻力的影响，使底、面线交织不均	3. 应拆下压脚，用细砂皮拉深拉长压脚调低板下的出线槽，并要磨光出线槽，使缝料向前移动时能顺利通过
	4. 机针、缝线、缝料三者配合不符合要求	4. 根据缝料选用合适的机针和缝线
线迹歪斜	1. 面线张力太大	1. 减弱面线张力
	2. 缝纫薄料、细料时使用粗线，使底面线的交接点无法藏在缝料中间	2. 缝纫薄料、细料时先用较软的细缝线
	3. 机针太粗，线太细，造成线迹歪斜	3. 用适当粗细的针、线
	4. 机针安装不正	4. 纠正机针方向
	5. 针杆过线孔太大	5. 使用小孔的针杆过线
缝料皱缩	1.面线张力太强	1. 减弱面线张力
	2.送料运动快于针杆	2. 调到标准速度
	3.送料牙倾斜	3. 把送料牙调到前高后低
	4.旋梭、针板、挑线杆过线处不光滑	4. 使过线处光滑
	5.针板容针孔太大	5. 换新针板
	6.挑线簧弹力过强	6. 减弱挑线簧弹力

（续）

故障现象	常见故障原因	排除方法
上下层缝料错位	1.压脚压力太大，使下层缝料错位	1.降低压脚压力
	2.送料牙倾斜	2.把送料牙调节为前高后低
	3.送料运动慢于针杆，造成缝料错位	3.把送料牙速度加快
	4.送料力不均匀	4.使用粗齿送料牙
油路故障	1.油盘油量少	1.补充机油
	2.油泵过滤网有污物附着	2.清除油泵过滤网的污物，换新油
	3.塑料油管破裂或脱落	3.更换塑料油管或插上塑料油管
	4.上轴油量调节销上的橡皮套损坏	4.调换新橡皮套
	5.油量调节销转动不灵活	5.把针杆曲柄螺钉头部磨去一些
	6.油泵工作不正常	6.打开侧盖板检查柱塞的运动是否正常，如不正常，应调整上轴中套位置，使柱塞正常工作
	7.上轴偏心边缘和柱塞底部有回角	7.修磨成锐边或更换
	8.回油管的30°切口外露	8.将油管头部剪成30°锐角紧贴毛毡，并使之不漏气
	9.回油管被压扁	9.将订书钉骑在油管和毛毡上，不压回油管
针距故障	1.由于送料轴上的牙架小顶尖螺钉锥面和锥孔配合松动而产生针距长短不一	1.取下送料轴、重新调整牙架的配合间隙
	2.由于叉形送料杆、偏心轮套圈、送料抬压偏心轮之间的配合间隙过大；针距连杆与叉形送料杆、针距调节器之间的配合间隙松动，造成针距长短不一	2.根据松动的零部件位置，进行合理地调整
沉重	1.上轴、竖轴、下轴的轴向平面配合无间隙，或单边无间隙，使机器转动力矩过大	1.检查三根轴的轴向平面配合情况，要求平面配合有间隙，但不大于0.04mm，转动应轻松
	2.跳线杆组件的跳线曲柄、挑线连杆销的轴向配合无间隙或单边无间隙，使机器转动力矩大	2.对各零部件实际配合进行合理的调整，使挑线组转动时无明显阻力
	3.抬牙、送料机构各部件配合间隙偏小，造成机器转动力矩大	3.检查各部件相互配合的间隙，进行合理的调整
噪声	1.伞齿轮的齿面啮合高低不一，造成齿轮在高速运转时发生噪声	1.旋松齿面啮合高低不一的伞齿轮紧固螺钉，旋松与伞齿轮轴有接触的轴套紧固螺钉，用敲棒敲正啮合的高低位置。然后分别旋紧伞齿轮和轴套的紧固螺钉
	2.由于上轴、竖轴、下轴的轴向松动造成声响	2.旋松齿轮两只紧固螺钉，重新调整好竖轴、上轴、下轴的轴向间隙
	3.伞齿轮齿面啮合间隙过大或过小，造成声响故障	3.通过敲击套筒来校正。一般一对齿轮啮合间隙在0.20~0.40mm之间
	4.经过上述三种调整，齿轮声响仍不理想	4.在两对啮合齿面上加少量的研磨膏，用手正、反转动上轮，10~15min。用煤油清洗污物，略加润滑剂即可

第五章

服装熨烫基础知识 👕

🔘 第一节　服装熨烫概述

熨烫工艺是服装制作中的一项热处理工艺。俗话说"三分做工七分烫"，即形象地说出了熨烫的重要作用，对于大多数的服装而言，熨烫工艺贯穿于服装制作的全过程中。

一、熨烫的原理

服装熨烫，是依据织物纤维的热塑变形特性，借助水汽并通过温度和压力的调节，改变纤维的结构密度和形态，使布料按照人体特征和设计造型进行塑形和定型，达到服帖、适体、平整、挺括等造型效果，实现服装实用和审美的统一。

熨烫对衣片进行加湿、加温、加压，使其通过塑形达到定型的过程，基本遵循以下三个原理，分阶段完成：

（1）**给湿、加温原理**　运用器具给衣片加湿（喷雾、喷水），再给热升温。给湿后，水分能使纤维膨胀，给热升温后水变为热蒸汽，加快并促使衣片均匀受热，增加纤维大分子的活性，有利于衣片的塑形和定型。

（2）**加压原理**　运用熨斗或熨烫机械对衣片给湿、加温的同时，还要进行加压。经蒸汽给湿、加热的纤维在压力的作用下，才能按预定需要伸直、弯曲、拉长或缩短，便于塑性变形。

（3）**冷却原理**　衣片经过一定时间的加湿、加温和加压，再通过快速干燥和冷却，使纤维分子的新形态得以固定，从而完成衣片的塑性变形，获得稳定的外观造型效果。

二、熨烫的作用

熨烫工艺是服装制作的重要手段，它大致有以下六个方面的作用：

（1）**原料预缩**　在布料裁剪前，通常都要对其进行预缩处理，如毛料要起水预缩、美丽绸要喷水预缩、羽纱要下水预缩等，都要运用熨烫工艺操作。

（2）**烫粘合衬**　粘合衬的使用提升了服装成品的品质。如何用好粘合衬，必须考虑熨烫粘合衬的温度、压力和时间。温度低了粘不牢，温度高了会渗胶或面料泛黄。熨烫时适当加压有利于面、衬的紧密贴合，并且停留适当的时间也有利于胶粒的充分融化和渗透。

（3）**归拔塑形**　衣片经收省或打褶后已具有一定的立体形状，但造型生硬，不美观，适体性差。通过运用推、归、拔等熨烫技术和技巧，塑造服装的立体造型，弥补服装结构制图中没有省道、撇门及分割缝设置等造型技术的不足，使服装适体、美观。

（4）**定型**　在服装缝制过程中，衣片要折边、扣缝、扣边、分缝烫平、烫实等，缝份、褶裥要平直，贴边平薄贴实等持久定型，这些都需借助于熨烫工艺来完成。

（5）**修正弊端**　熨烫不仅仅是将不平服的部位烫平，还能最大限度地弥补和纠正服装制作过程中的不足之处，如部件长短不齐、缉线不直、弧线不顺、缝线过紧造成的局部起皱，以及止门、领面、驳头、袋盖外翻不"窝服"等弊病。通过整形熨烫，使服装达到平整、挺括、美观、适体等成品外观形态。

（6）**消除水花、极光**　通过垫湿烫布进行轻、快熨烫，可以消除半成品、成品在缝制、熨烫中因操作不当造成的水花、极光（亮光），以及倒绒、倒毛、反光等弊病。

三、熨烫的种类

贯穿于服装制作过程中的熨烫工艺，主要有下面三种熨烫形式：

（1）**缝前熨烫**　在缝制前对衣片进行推、归、拔的熨烫，拟合人体体型。

（2）**缝中熨烫**　对缝制过程中的半成品进行熨烫，俗称"小烫"。熨烫时，边缝制边熨烫，如粘衬、烫敷牵条、烫省、分缝、扣边、压烫等均属小烫。小烫的作用一是使部件、部位平整、服帖、固定；二是维护、巩固推、归、拔烫效果；三是熨烫服装局部、部件，辅助缝制，为提高成衣质量打好基础。

（3）**成品熨烫**　对服装成品的熨烫，俗称"大烫"。它借助熨烫工具或机械，运用熨烫技术，对成衣进行最后整形、定型熨烫，修正弊病，提高质量，使衣服适体、美观、挺括、平整。

四、熨烫的要素

熨烫工艺的要素主要有温度、湿度、压力和时间。

（1）**熨烫温度**　温度是熨烫工艺中最重要的一个要素，它是使服装材料变形与定型的关键，决定了熨烫质量。不同织物所需熨烫温度不同，棉、麻织物高些，毛、丝织物低些，化纤织物更低。对于某类织物，如果温度达不到熨烫温度，则纤维的变形能力小，达不到热定型目的；反之，如果温度高于熨烫温度时，又会使服装变黄烫焦，手感发硬，损坏织物。

（2）**熨烫湿度**　湿度也是熨烫塑形过程中不可缺少的一个因素。通过给织物加湿，使纤维膨胀、伸展，增强其可塑性。在湿热状态下，才能便于织物造型，但湿度过高或过低也会影响熨烫定型效果。在采用热的蒸汽熨烫时，定型后应迅速冷却并吸干织物内水汽，才能达到较好的熨烫效果。

（3）熨烫压力　熨烫压力目的在于促使织物变形，但压力的大小一定要适中，过小没效果，过大易产生极光。手工熨烫时，压力来源除熨斗的自身重量外，主要是手的压力。手的压力大小可以根据织物的质地而变化，也可根据服装的不同部位和熨烫要求而变化。通常，质地紧密的织物压力大些，质地疏松轻薄的织物压力小些，起绒织物压力小些，否则易倒毛。

（4）熨烫时间　熨烫时间主要同织物的性能有关。当熨烫不同的织物时，其织物成分、密度、厚薄、耐热温度等性能决定了熨烫时间。如温度低熨烫时间长，反之时间短些；轻薄料熨烫时间短些，毛呢类厚料时间长些。织物的熨烫时间，应包括加热时间和冷却时间。服装经过快速的抽湿冷却，其定型效果明显提高。

⊕ 第二节　常用服装熨烫设备

一、电熨斗

电熨斗是最常用的熨烫设备。目前市场上有普通电熨斗、蒸汽电熨斗和高压蒸汽电熨斗三种，如图5-2-1所示。

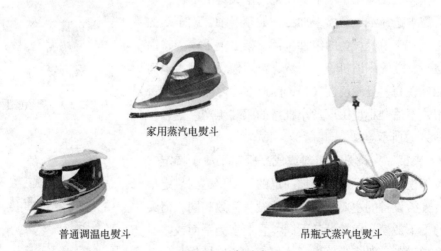

家用蒸汽电熨斗

普通调温电熨斗　　　　　　　　　吊瓶式蒸汽电熨斗

图5-2-1　电熨斗

家庭用的电熨斗多采用蒸汽电熨斗，使用220V交流电，功率多为300~1200W，这类熨斗带有自动调温装置和自动喷雾装置，它可根据布料种类的不同来调节熨烫温度，避免烫缩或烫焦。工业用的高压蒸汽电熨斗一般都是由外接蒸汽进行加热，并且自身具有调温和加热装置，一般和吸风烫台组合使用，具有广泛的适应范围。

二、吸风烫台

吸风抽湿烫台组合蒸汽电熨斗，是目前实用性最强、应用最广泛的整烫设备，如图5-2-2所示。

吸风烫台的基本功能就是吸风抽湿、冷却定型。在工作时，可将服装或衣片平展吸附在台面或烫模上，配合蒸汽熨斗的熨烫作业。当熨烫结束时，抽湿冷却使熨烫效果得以定型。吸风抽湿熨烫的效率高、定型性强，目前被中小服装厂广泛采用。在使用中，通过设定烫台的机座结构、台面尺寸、风机种类、配套烫模形状及附加设备等，可派生出一系列专用吸风烫台。

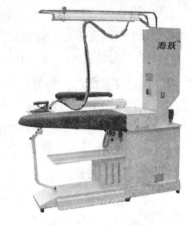

图5-2-2　吸风烫台

三、压烫设备

压烫是利用上下烫模的相互作用而熨烫的方法。压烫设备可以分为模烫和夹烫两大类。

（1）**模烫**　模烫的熨烫过程一般如下：服装被模烫机械的高温蒸汽熨热的上下烫模夹紧后，喷出的高温蒸汽赋予布料以可塑性而进行成型加工，并通过烫模利用真空泵产生的强烈吸引力来抽走湿气，使布料冷却定型完成熨烫整形。在模烫设备中，上下烫模是两个关键的部件，可根据熨烫需求选择不同烫模来加工，如领、袖、帽子等的定型加工。一套模烫设备的组件包括支架、上下模烫、锅炉、真空泵、空气压缩机等。当然，由于模烫机械占地面积大，能耗较高，且专门性较强，因此多为专业化大批量生产使用，不适合小型工厂及小批量的服装生产。翻领整烫机如图5-2-3所示。

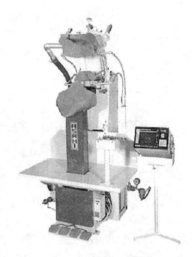

图5-2-3　翻领整烫机

（2）**夹烫**　夹烫是把布料或成品服装平放于特定安置的上、下模板之间，对其施加一定的压力，达到热定型的目的。夹烫设备的主要构成与模烫设备大致相同，但夹烫设备的上下烫模与模烫设备不同，它们多为平面或略有凹凸。夹烫设备一般多为单机，体积小、适应性较强，在小型工厂或小批量服装生产时普遍采用，在一定程度上代替了专门性较强的模烫设备。左后侧边整烫机如图5-2-4所示。

图5-2-4　左后侧边整烫机

四、立体整烫机

立体整烫机又称人体模整烫机。立体整烫或者整体整烫时，将服装套入一种可调节、可膨胀的人像袋或人形模上，通过从袋内喷射的高压蒸汽使服装表面达到一定的温、湿度，并产生一定的压力，对服装达到一定的蒸汽定型，然后抽去水汽并通入热空气进行干燥定型，取下服装完成整烫加工。（图5-2-5）

立体整烫机在工作时，由于它未对服装表面进行加压，避免了表面绒毛的倒伏，因此广泛应用于各类呢绒大衣、针织毛衫、绒类服装、毛皮服装等的熨烫；尤其对于轻薄的真丝织物等有优势，避免烫伤衣料。

立体整烫机熨烫时除将衣服套上与取走的动作，其余全由机械自动完成，整个过程仅为几十秒钟，工作效率高，且设备操作简单，在各类服装加工企业和洗衣店中都有广泛应用。

图5-2-5 立体整烫机

五、手工熨烫辅助工具

（1）熨台 熨烫必须在专用台案上进行。烫台一般长120cm，宽80cm，案高100cm左右。

（2）烫呢 烫呢通常用双层棉毯（或粗毛毯），表面再蒙盖一层白布。白布使用前应将布上的浆料洗去。垫毯、白布均需固定在烫台上，保证不移动、不起皱，并有一定的柔软性，以避免过硬导致熨烫中衣片产生极光。

（3）铁凳（图5-2-6a） 铁凳是铁制的熨烫辅助工具，主要用来压烫前后肩部、领窝、袖窿、裤子小裆等不能平铺熨烫的部位。新买来的铁凳应用垫呢垫成"拱形"，外包白棉布，扎结紧实后再使用。

（4）马凳（图5-2-6b） 马凳主要是熨烫裤子上腰、裤袋、裙子、衣胸等不宜平烫部位时使用，有时可替代布馒头。马凳用木料制成，由垫烫面、底座和一定高度的支撑腿组成，形状似马，故称"马凳"。马凳上层熨烫板呈柳叶形，长50cm左右，两头为圆弧形，大头一端宽25cm，小头一端宽15cm左右，马凳高约20cm。

（5）布馒头（图5-2-6c） 布馒头也称烫包，主要是熨烫上衣胸部、肩部、背部、臀部等造型丰满部位时使用，一般用去浆白棉布包裹细木屑做成。布馒头大小不一，大者以能垫烫上衣肩、胸、腰及大衣袋至底摆边为宜，一般长约40m，宽25~30cm，厚12~15cm。制作的布馒头既要密实有一定的硬度，又要能够拱起、凹下灵活，以适应不同部位的熨烫造型。

（6）**串板**（图5-2-6d）　串板是用于熨烫各类褶裥裙和袖子的木制辅助熨烫工具，一头为尖圆形。大的串板长约150cm、宽约45cm，可以熨烫上衣的肩部、褶裥裙或西裤的裤腰。小的串板长约60cm、宽约30cm，可烫裤、衣袖等。

（7）**压板**　压板多由5mm厚的铁板或材质坚实的木料制成，长25~30cm，宽约4cm，主要用于成衣整烫后的冷压处理。例如，熨烫好的服装止口部位，要趁其温热，及时用压板冷压片刻，使止口快速定型平服。

（8）**喷水壶**（图5-2-6e）　喷水壶在熨烫时能均匀、细密地喷水，从而提高熨烫部位的含水量，达到合适的熨烫湿度。

（9）**烫布**　烫布，也称"水布"。熨烫服装时，为了保证熨烫质量，并避免出现高温熨烫中的极光、烫黄、烫焦等质量事故，多需要加盖烫布，尤其是呢绒服装。烫布选用普通本色白棉布，新布应该先水洗退浆后方能使用，否则会发硬、不吸水、易翘而出现烫煳现象，不可用化纤织物。

a）铁凳

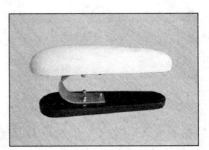
b）马凳

c）布馒头

d）串板

e）喷水壶

图5-2-6　熨烫工具

第三节　熨烫工艺基础操作

一、熨烫工艺的操作原则

（1）把握正确的熨烫温度、湿度和压力　熨烫过程中要常试温，避免烫黄、烫焦衣物；喷水或加蒸汽时要均匀、适度，避免过干或过湿；注意熨烫压力的控制，轻薄面料压力小些，厚重紧实面料压力大些。

（2）**合理操作熨斗**　熨烫时要根据衣物的加工部位及工艺要求的不同，使用熨斗的不同部位熨烫，如使用熨斗的尖部、侧部、后部、底部等。

（3）**注意力要集中**　熨烫时要根据熨烫要求推移熨斗，掌握轻重缓急，随时观察熨烫效果，避免熨斗长时间停留在一个位置上。

（4）**垫平、垫实被烫衣物**　平烫时要有薄垫呢，定型时要用布馒头等垫稳垫实。

（5）**双手配合**　一般右手持熨斗操作，左手整理衣物，分烫时用手指劈开缝份，归拔时辅助聚拢或拉伸丝缕。

二、熨烫基本技法

熨烫工艺中大致有平烫、起烫、分烫、扣烫、压烫、推烫、归烫、拔烫等基本技法。它们可根据服装生产中的具体熨烫要求来选用。在正式熨烫作业前，都必须做试烫，避免损伤布料。

（1）**平烫**　平烫是将衣物放在垫衬布上，依据要求烫平的一种熨烫手法。常用于面料的预缩、去皱和服装的整理等，如图5-3-1所示。操作方法如下：

1）将有皱褶的布料平铺在烫台上。

2）待蒸汽熨斗到达所需要的温度时，先右手拿熨斗，从右向左、自下而上熨烫。左手轻展布料，右手给湿加压，但不要连续不断给湿，一般按一两次即可。当熨斗移动时，熨斗可稍抬起，不要带动布料移动。

3）在折痕明显处，可加大压力；如做布料缩水处理，应多次反复喷水、平烫。

4）平烫完成后，应将布料平铺或吊挂放置，待充分冷却干燥后再使用。

（2）**起烫**　起烫是一种处理织物表面的水花、极光或倒绒现象的熨烫手法。操作方法如下：

1）将一块带有水渍、极光或倒毛的布料平铺在烫台上。

2）在布料上盖一块较湿烫布熨烫。

3）消除水渍时，熨斗要热，以保证水布上的蒸汽可充分渗入织物内，使织物表面的水渍随之消散；消除极光或倒毛时，熨斗在布料损伤部位反复擦动熨烫，注意熨斗压力要小，不能压住织物，烫好后用软毛刷顺丝缕轻刷织物表面，使绒毛竖起。

（3）**分烫**　分烫又称劈烫、分缝、劈缝，是一种将缝份分别熨烫平整倒向两边的熨烫手法，如图5-3-2所示。操作方法如下：

1）将缉缝好的衣片反面朝上平铺在烫台上。

2）用手将缝份拨开，再运用熨斗尖部及前部逐渐向前行熨烫缝份。

3）缝份劈开后，再将衣片翻转正面朝上，盖上烫布，用整个熨斗底部将缝份烫平实。

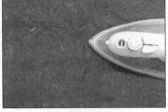

图5-3-1　平烫

图5-3-2　分烫

（4）扣烫　扣烫是将裁片毛边翻折扣净并压烫定型的一种熨烫手法，常用于衣服底边、袖口、裤口、贴袋等处。常用方法有平扣烫、缩扣烫，如图5-3-3所示。在服装批量生产时，扣烫多借助硬而薄的净样模板提高熨烫质量，单件制作时多裁制一个熨烫部位的净样样板使用。

1）平扣烫的操作方法如下：

①将裁片反面朝上平放于烫台上。

②左手将布边按要求向上翻折到所需宽度，右手持熨斗用尖部压倒、压实布边，操作时边折边扣倒，边喷水熨烫。

③在反面熨烫好折边后，将裁片翻正，在折边处喷水用整个熨斗底部烫平。

2）缩扣烫一般用于圆角部位的熨烫，操作方法如下：

①将裁片反面朝上平放于烫台上，裁片上放置净样样板。

②左手折边，右手持熨斗喷水归烫。如不圆顺，需按样板重新熨烫，直至圆顺为止。

③也可在缝份的中间位置先疏缝一道缝线，抽紧缝线，使折边自然卷折出所需的宽度和弧度，然后用熨斗烫平。

④将裁片翻正，盖烫布熨烫。

平扣烫

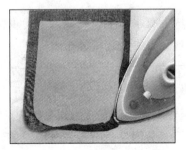

缩扣烫

图5-3-3　扣烫

（5）压烫　压烫是常用于服装的止口部位，将其压实定型的一种熨烫手法。对于服装领部、衣襟、底边、袖口、袋位等的定型，尤其是较厚的面料，熨烫时要加力重压，如图5-3-4所示。操作方法如下：

1）合缝部位先修剪缝边，在反面分缝熨烫；如果是折边部位可先在反面压烫。

2）将裁片翻正，盖烫布，用力压烫止口，停留时间可稍长，直至烫平、烫干、烫薄。

3）移去熨斗后可立即用钢尺再重压一下，使受热纤维迅速冷却定型，利于止口变薄和平挺。

图5-3-4　压烫

（6）推、归、拔　推、归、拔是利用织物的热塑性能，通过归拢或拉伸来处理湿热状态下的布料，使衣片由平面变形为符合人体立体造型的熨烫手法。"归"就是收缩归拢，"拔"就是伸张拔开，"推"是辅助归、拔，实现变形目的的手法。因此在归、拔时熨斗推移的方向有一定规则，不拿熨斗的手要配合熨斗的推移做归、拔或拉伸布料的动作。操作时，归烫应由轻到重归拢，拔烫由重到轻拔出。归拔熨烫的变形效果与布料特性有关，它多用于毛、呢料的塑形。

1）归烫（图5-3-5）的操作方法如下：

① 将一片布边缘外凸的裁片放在烫台上。

② 左手归拢丝缕，右手持熨斗稍用力，沿弧线推移熨斗，需要缩短归拢的部位在熨斗内侧。

③ 多次反复操作，将凸出的弧线部位归烫平直。

2）拔烫（图5-3-6）的操作方法如下：

① 将一片布边缘内凹的裁片放在烫台上，内凹一侧靠近操作者。

② 右手推移熨斗，左手辅助拉开布边，以内凹曲边中点为拔开点，将凹进的弧线拔出、烫平直。

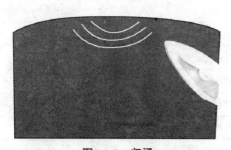

图5-3-5　归烫

图5-3-6　拔烫

三、常见布料的熨烫

（1）常见布料的熨烫　通常在对布料进行熨烫时，首先要了解布料的纤维性能，确定适宜的熨烫温度，并尽可能在布料反面进行，如要在正面熨烫，一般要盖上烫布，以免烫黄或烫出极光。在表5-3-1中，列出了常见布料的熨烫要点。

表5-3-1　常见布料的熨烫要点

布料品种		熨烫温度/℃	原位熨烫时间/s	熨烫要点
棉类	纯棉	170~210	3~5	适宜喷水熨烫，不易产生极光，但形态保持性差；深色布料应在反面熨烫
	涤棉	170~210	3~5	
	麻布	140~200	3~5	适宜喷水后用高温熨斗熨烫反面
毛呢类	全毛粗纺呢绒	160~200	8~10	熨烫时适宜在布料半干时从反面盖湿烫布进行，避免产生极光或烫焦；为使烫出的衣服外观柔和，最好用蒸汽熨烫
	全毛精纺呢绒	160~200	6~8	
	混纺呢绒	140~180	5~10	
	桑蚕丝绸	120~150	3~4	喷水停半小时后在布料半干状态下，反面直接熨烫；如熨正面则需盖湿布，温度过热会泛黄。要熨平皱褶可覆盖湿布用熨斗压平
化学纤维类	粘胶纤维	120~160	3~5	熨烫时可喷水熨烫，应垫烫布，反面进行
	涤纶	140~160	3~4	不必熨烫或稍加熨烫
	锦纶	110~130	5	一般不需熨烫，如需熨烫时可盖湿布反面进行
	腈纶	120~150	5	应盖湿烫布熨烫，温度不宜过高、时间不宜过久，避免布料皱缩或产生极光
	维纶	120~150	3~5	维纶不耐湿热，熨烫时不能加湿，只能干烫或盖干烫布
	丙纶	90~110	3~4	丙纶不耐干热，熨烫时必须盖湿烫布，较低温度，在布料反面进行，切忌在正面直接熨斗熨烫

（2）滴水法辅助确定熨烫温度　采用非调温的普通电熨斗时，可以参见表5-3-2，用滴水的办法，将水珠滴在加热熨斗的底板上，看水珠的变化、听发出的声音来判断熨斗的大致温度，以确定适宜的熨烫温度，进行熨烫。

表5-3-2　滴水法测试熨斗温度

温度/℃	声音	水珠变化
70~100	没有水声	水珠散开缓慢，慢慢起泡，出现开水声，并蒸发
120~140	发出"咻"声	水珠马上扩散，起较大水泡，迅速蒸发
150~160	发出"啾"声	水珠由大变小，在底板上滚转，很快流去
170~190	发出"扑咻"声	水珠在熨斗上蹦跳而落地，很少留存水滴
200~250	发出短脆的"啪"声	熨斗底部完全不沾湿，水珠立即飞溅汽化

四、粘合衬的熨烫

当前服装制作中，粘合衬被广泛应用，已经成为现代服装工艺的一个重要标志。粘合衬的使用极大地简化了服装制作工序、降低了生产成本、提高了生产效率，并提升了服装的档次。随着粘合衬的广泛应用，如何选择和使用粘合衬，已成为掌握服装制作工艺的重要内容。

1.粘合衬的选用

粘合衬主要有机织粘合衬、针织粘合衬和无纺粘合衬三种。机织粘合衬基布采用机织物，适用于中高档服装，它与面料的粘合很紧密，其中质地稀疏的衬布比较柔软，质地紧密的衬布比较结实，可根据需要选用；针织粘合衬基布采用针织物，有伸缩性，适用于针织面料服装；无纺粘合衬以涤纶等化学纤维为原料结合而成，具有轻、不起皱、尺寸稳定、洗涤不缩水等特点。

粘合衬的厚薄除了与基布的克重相关外，还与热熔胶的表面形态有关。在同一基布上，点状熔胶最厚，其次为条状、粉状、片状、网状。

粘合衬的颜色常见的有白色、浅灰色、中灰色、深灰色和黑色，也有供各种时装选用的鲜艳色的衬布。

通常服装选用粘合衬时遵循以下原则：

1）与面料的厚薄、色泽相匹配。

2）与面料缩水率相近。

3）与面料的耐热性相适应。

4）与所达到的服装局部造型效果相适宜。

5）与面料风格、手感相符。

6）与面料的价值相当。

2.粘合衬的粘合要素

（1）粘合温度　正确掌握温度，取得最佳粘合效果。熨烫温度过高，加速热熔胶熔融后的流动和对织物的浸润，易使热熔胶渗透到织物另一边，粘合强度下降。熨烫温度过低，热熔胶熔融不够，粘合不牢。

（2）粘合压力　正确的压力大小可以使面料与粘合衬之间有紧密的接触，使热熔树脂胶能够均匀地渗入面料纤维中。

（3）粘合时间　温度和压力都需要在合理的时间作用下才能对粘合衬上的热熔树脂胶发挥作用。

在粘合熨烫过程中，正确的粘合温度、压力和时间三者相结合，才能保证熨烫质量。否则会出现粘合不牢、脱胶、起泡等粘合问题。无论是手工烫衬，还是服装批量生产时的粘合机烫衬，都应先选择小块布料进行压烫实验，确定正确的粘合工艺参数。

3.手工粘合衬布的熨烫要领

1）粘合衬在裁剪时其尺寸应比对应粘合的裁片四周放大约1cm。机织衬布的纱向选择和裁片一致，无纺衬无方向性，纱向可自由选定。

2）粘合时，先将要烫衬的裁片反面朝上放正，然后再手拿衬布仔细辨别清楚哪一面是胶面，胶面朝下将衬布放置在裁片上，准备熨烫。

3）手工粘合宜选用蒸汽熨斗，在湿热状态下，粘合更充分、彻底，粘合力大。

4）粘合温度的设定，一般情况下，较薄的粘合衬熨斗温度定为125~135℃，较厚粘合衬温度定为135~145℃。

5）熨烫时注意熨斗的操作，不要将熨斗在布面滑动，应定在一处不动按压5~10s，按压时要施加一定压力。烫合一处后再顺序移动，熨烫下一处，注意移动时不要留空档。

6）当需要较大面积烫衬时，应从裁片的中间烫起，慢慢过渡到四周。

7）粘合完成后，热熔胶还没冷却定型，应等待其自然冷却后再进入后续工序，避免不当操作使衬布粘合不牢。

8）如果遇到烫衬失误，如烫错部位时，可以用熨斗在粘合部位再次熨烫一遍，趁热将衬布剥离下来。

4. 手工粘合衬布的常见问题与解决办法

手工粘合衬布时，经常会出现一些问题，但常常被人忽视。如不正确对待和解决粘合衬布时的各种问题，最终会导致多种质量问题，降低服装产品档次，影响服装穿着效果。表5-3-3中，列出了手工粘合衬布时常见的问题及解决办法。

表5-3-3　手工粘合衬布时常见的问题及解决办法

常见问题	产生原因	解决方法
粘合力差，衣片脱壳	1.压烫温度过低、压力过小、时间过短	1.提高压烫条件
	2.压烫温度过高，或压力过大，或时间长导致胶粒熔融流失或对织物过度渗透	2.降低温度或压力，缩短时间
	3.面料的湿度过高，无法粘合	3.衬布烘干
	4.胶料与面料不适合，与面料粘不上	4.选用适合的衬布
压烫后发生衣片正面起泡	1.衬布与面料热收缩不一致	1.衬布缩率大换衬布；面料缩率大就先预缩
	2.热熔胶上胶不均匀、有漏点	2.改用质量合格的衬布
	3.有的部位漏烫	3.不允许漏烫
	4.粘合后未完全冷却就将衣片卷曲或折叠	4.粘合后充分冷却再移动
	5.粘合面不清洁，有隔离杂物	5.清除隔离杂物
渗胶	1.压力过大，温度过高	1.降低粘合条件
	2.面料过薄，衬布胶粒过大	2.改用胶粒细密的衬布
	3.衬布上胶量过高	3.选用上胶量适合的衬布
	4.衬布基布太稀疏	4.更换衬布
衣片打曲	1.面料与衬布热收缩一不致	1.改变压烫条件，降低温度、压力，延长时间
	2.面料与衬布缩水率不一致	2.选择与面料缩水相匹配的衬布
整烫后衬布起泡和虚脱	1.整烫超过了压烫温度和时间要求，破坏了本身的粘合效果	1.整烫的温度与时间比压烫粘合要低
	2.整烫时用熨斗推移塑形时造成面料与衬布轻微滑移错位	2.来回推移要轻或是垫布熨烫

（续）

常见问题	产生原因	解决方法
面料正面透出衬布基布组织纹样	面料细薄、平滑，衬布底布组织较粗透过面料造成凸凹现象	选用较细薄的衬布
衣片正面显现用衬印痕	1.面料薄、衬布厚，粘衬与不粘衬形成较明显的分界	1.改用薄型衬布
	2.粘衬部分面料显出泛白、反光，与未粘合部分形成分界	2.改用近似颜色的色衬
	3.粘合部分与不粘合部分界线明显	3.进行面料预缩
手感变硬、粗糙	1.压烫温度过高，时间过长	1.改变压烫条件
	2.衬布上胶量过大影响手感	2.选上胶量适合的衬布
	3.衬布底布粗糙，柔软性欠佳	3.选用柔软弹性好的衬布
面料呈橘皮状，透出胶粒状	面料薄，且衬布的胶粒粗大，透过面料呈均匀凸点状	改用上胶细而密的衬布
面料透出胶的亮光	面料薄，因胶对光反射比面料颜色大，从面料组织缝隙可见胶粒发亮	改用胶粒与面料同色的衬布
面料表面呈现波纹现象	面料与衬布的组织密度相近	选用不同密度的衬布和无纺布
损伤面料原有风格	面料表面绒毛等受到高温压烫失去原有的风格	喷蒸汽看可否恢复
	面料的回弹抗皱等特性受到损伤	选择有弹性、柔软度高的衬布与面料匹配，降低压烫压力

实 践 篇

第六章

服装缝制工艺基础操作

第一节　手针基础工艺

　　手针缝制是服装制作中的一项传统工艺，它历史悠久，使用方便，运用灵活。手针工艺的针法多样，下面介绍手针的基本操作和一些常用的基础针法。

一、手针基本操作

1.拿针

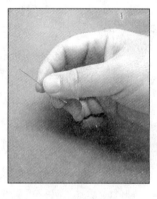

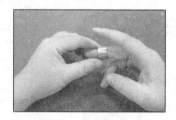

戴顶针

用右手拇指和食指捏住手针中部，中指第二指节套顶针抵住针尾，帮助手针运行操作（初始练习可选6号缝针）。

2.穿线

先用剪刀将缝线线头修剪光洁，并将线头捋尖。**操作如下：**

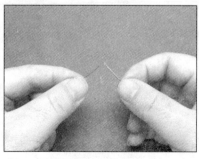

①右手将针倒拿，针尾朝上，左手拿线，针线相对。

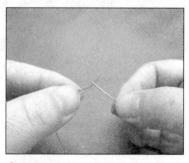

②线头对准针眼穿出约1cm后，左手顺势将线拉出，完成穿线。

3.打线结

当手工缝制时，在缝制开始和结束时一般都要打线结，以避免缝线松散，保证缝制质量。打线结一般有两种，缝制开始时打起针结，缝制结束时打止针结。

（1）打起针结　起针结要求打得光洁，尽量少露线头。操作如下：

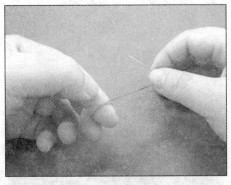

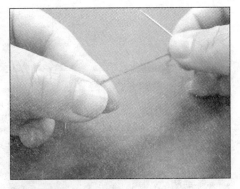

① 右手拿针，左手拇指和食指捏住线头，将线在食指上绕一圈，压住线头。

② 将线头捻入线圈内。

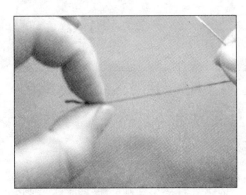

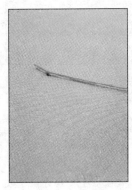

③ 拉紧缝线及线圈。

④ 线结成型后，修剪多余线头。

（2）打止针结　止针结要求线结紧扣布面，缝线不松动。操作如下：

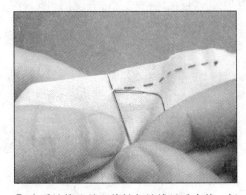

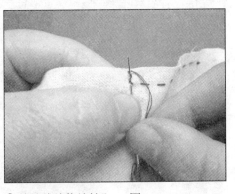

① 在手缝终止处，将针与缝线呈垂直状，轻挑2根纱线穿出。

② 将缝线缠绕缝针上2~3圈。

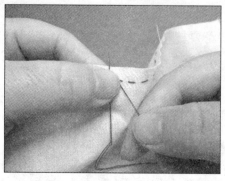

③ 用左手拇指紧紧捏住缝针、线圈和布料。

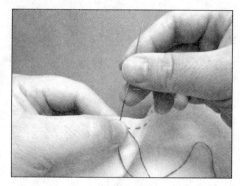

④ 左手捏紧不滑动的同时，右手慢慢将针抽出。

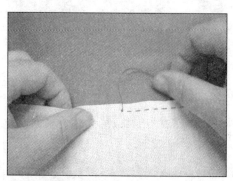

⑤ 缝线抽紧，完成止针结。

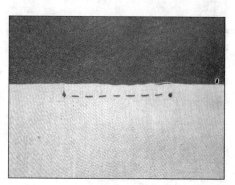

⑥ 如图所示为起针结（右）和止针结（左）。

二、手针基础针法

1.绗针

绗针也叫平针、平缝、纳布头等。它是一切手针针法的基础，也是手工缝制衣物的主要针法。随着缝纫机的普及，绗针现常用于手工缝制、装饰点缀、抽袖山吃势、抽碎褶、局部缩缝等。

针法特点：针距与线迹相等，短针针距与线迹长0.15~0.2cm，长针针距与线迹长0.3~0.5cm。针距均匀，大小一致，线迹平顺整齐。**操作如下：**

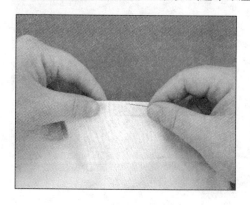

① 左手拇指和小指放在布面上，其余手指放于布面下，将布夹于手中，拇指和食指捏住并控制布料运动；右手食指和拇指拿针，中指戴顶针辅助运针，无名指和小指夹住布料（初学者可从单层布开始练习）。

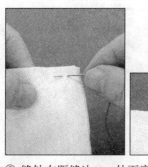

② 缝针在距缝边1cm处下穿布料，针在布身下向左（前）运针0.2cm后，将针、线穿出。

③ 依照步骤②，在距出针左（前）0.2cm处下穿布料缝制下一针。

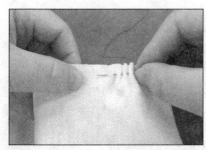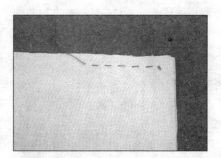

④ 缝针熟练后，可控制针与布，连续运针4~6针后，将针线穿出。

⑤ 绗针示例。

2. 打线钉

打线钉是在高档服装制作中用于转印缝制标记的一种传统工艺。它采用手缝线迹标记代替划粉，也可单独运用于不能采用划粉标记的衣片。打线钉一般采用白棉线，棉纱细软、多绒毛，不易脱落，且不会褪色污染面料。

针法特点：打线钉时行针方式同绗针，只是缝针上下穿插，线迹长短交错，一针长、一针短，表面显示长针线迹4~6cm，底面显示短针线迹0.2~0.3cm，缝好后，再将缝线剪断修剪成约0.2cm长的线钉。

打线钉时，首先要求衣片正面相对，平整对齐。**操作如下：**

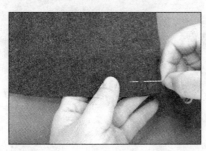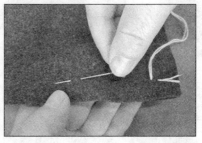

① 自右向左，右手拿针穿透上下层布料扎入缝针后，缝针前行0.2~0.3cm后向上穿出上层布面，将缝线拉出。

② 在直线段上距离上一针4~6cm处缝第二针。

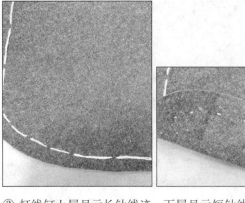

③ 打线钉上层显示长针线迹,下层显示短针线迹;另直线处针距长些,曲线处针距短些。

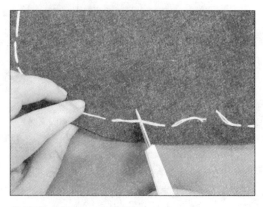

④ 用剪刀剪断上层缝线。

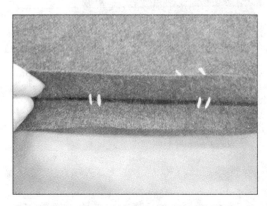

⑤ 轻掀上层衣片,将衣片间线钉拉长至0.4cm。

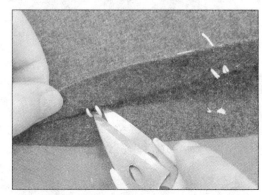

⑥ 将剪刀平伸入衣片间,剪断线钉。

⑦ 修剪上层表面多余余线至0.2cm。

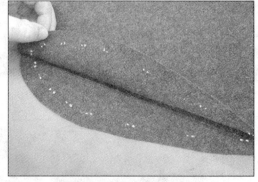

⑧ 轻拍线钉,使绒毛散开,不易滑落。

3. 钩针

钩针也称回针,是一种运针时进退结合的针法,有正钩针和倒钩针之分。由于连续回针,钩针缝线有一定的伸缩性,不易断线,常用于服装穿着过程中受力较大的部位,如正钩针多用于高档裤装的后裆缝,倒钩针多用于上衣的袖窿等处,以防织物纱线脱落。

（1）**正钩针**　针法特点：自右向左运针。线迹长0.2~0.4cm，由于运针变化，正面线迹呈机缝平缝线迹和手缝绗针线迹两种，反面呈重叠状线迹。根据运针和线迹特点，又可细分为全回针和半回针。

全回针操作如下：

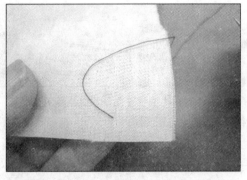

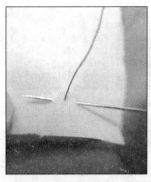

① 缝线打线结，缝针自下向上穿透布料穿出，起缝第一针。

② 缝针距第一针出针处向右后退0.2cm，自上而下扎入，在布料下前行0.4cm后穿出。

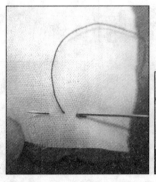

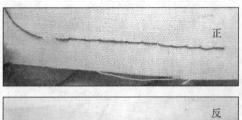

③ 模仿步骤②缝下一针。

④ 继续缝制，全回针正面呈机缝平缝线迹，反面呈重叠线迹。

半回针操作如下：

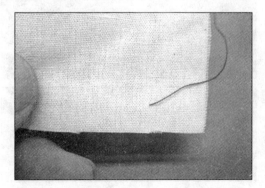

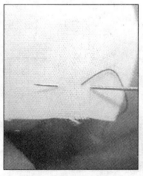

①缝线打线结，缝针自下向上穿透布料穿出，起缝第一针。

②缝针距第一针出针处向右后退0.2cm，自上而下扎入，在布料下前行0.6cm后穿出。

③ 模仿步骤②缝下一针。

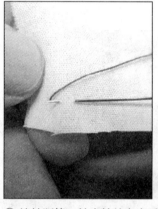

④ 继续缝制，半回针正面呈手缝绗缝线迹，反面呈重叠线迹。

（2）**倒钩针** 针法特点：自左向右直线运针，或者由前向后曲线运针，线迹可直可曲，正面呈交叠状线迹。**操作如下：**

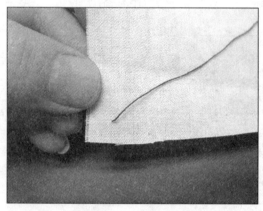

① 缝线打线结，缝针自下向上穿透布料穿出，起缝第一针。

② 缝针距第一针出针处向右后退0.4cm，自上而下扎入，在布料下向左前行0.2cm后穿出。

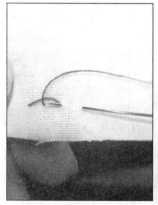

③ 模仿步骤②缝下一针。

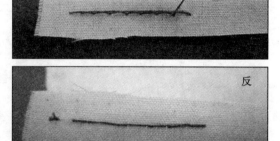

④ 继续缝制，倒钩针正面呈重叠线迹，反面呈机缝平缝线迹。

⑤ 按曲线缝制，正面呈交叉线迹。

4.缲针

缲针分为明缲针和暗缲针两种。明缲针多用于中式服装的贴边处；暗缲针多用于毛呢服装的下摆贴边的绲边和宕条上。

针法特点：明缲针衣片正面不露线迹，内侧有均匀规则线迹露出；暗缲针线迹隐藏在衣片与折边间，在衣片正面和内侧均不露线迹。

明缲针操作如下：

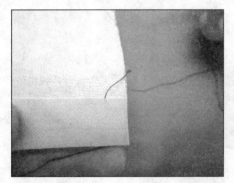

① 将衣片底边折转两次后熨烫。衣片内侧向上，缝针从贴边折边处由内向外左上方穿出，线结藏折边夹层。

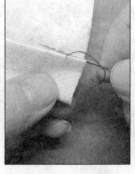

② 缝针距出针处向左前行0.2cm后轻挑折边结合处衣片大身上的一两根纱线，穿出。

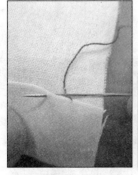

③ 缝针继续向左前行0.2cm后，由下向上扎入距折边边缘0.1cm处，缝针穿出。循环步骤②和步骤③缝制。

衣片内侧

衣片正面

④ 明缲针示例。

暗缲针操作如下：

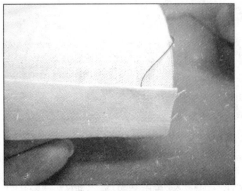
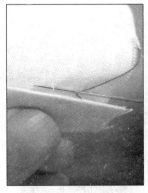

① 将衣片底边折转两次后熨烫。衣片内侧向上，缝针从贴边折边处由内向外左上方穿出，线结藏折边夹层。

② 缝针距出针处向左前行0.2cm后轻挑折边结合处衣片大身上的一两根纱线，穿出。

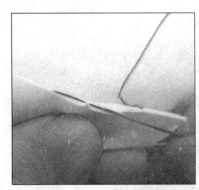
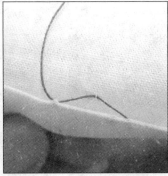

③缝针继续向左前行0.2cm后，轻挑折边边缘内侧一两根纱后，缝针穿出。循环步骤②和步骤③缝制。

衣片正面

衣片反面

衣片折边

④暗缲针示例。

5. 拱针

拱针也叫暗针或星点针。它多用于服装制作中的门襟止口部分，起固定衣片和衬料，防止挂面反吐的作用，也可用于装饰点缀。

针法特点：衣片正面呈星点状，星点整齐，针距均匀，约0.7cm。**操作如下：**

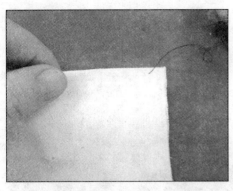

① 距止口边0.5cm处，从挂面内层将针向上挑出，线结留在衣片夹层中。

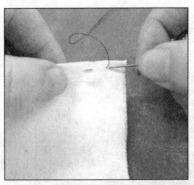

② 缝针后退，距出针处0.1cm处，自右向左扎入衣片，并轻挑下层衬料一两根纱，向前运行0.7cm后穿出。

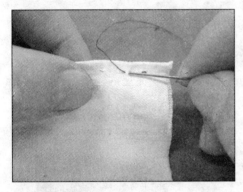

③ 依照步骤②继续缝制。

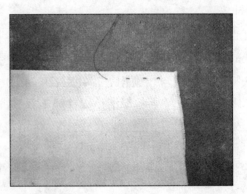

④ 拱针示例。

6. 环针

环针也叫环缝、绕缝。它用于衣片剪开的毛边处，用以防止纱线的脱落，在包缝机前用于衣片的锁边，现在常用于剪开的省道部位。

针法特点：线迹与布边呈45°斜向，距边0.3~0.5cm，针距约1cm。距边距离越小，针距就越小。**操作如下：**

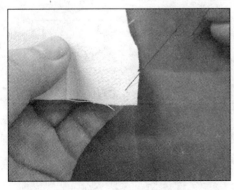

① 距边0.5cm处从下向上将针线穿出，线结藏在反面。

② 缝针距出针约1cm处仍从下向上穿出。

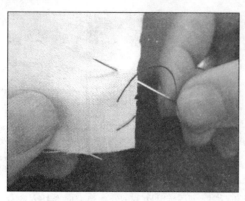

③ 缝针按照步骤②继续缝制。

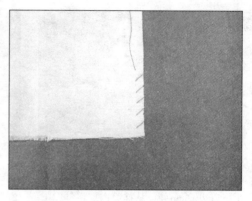

④ 环针示例。

7.串针

串针也叫贯针。常用于需要手工拼接的缝份折光的衣片处。该针法常用于西服与挂面串口处的缝合，尤其适用于领与驳头对条对格要求。

针法特点：针距与线迹相等，针距长0.2~0.3cm。针迹在缝子夹层内，上下对串，正反面均不露线迹，衣片平整顺滑。**操作如下：**

① 将布料折成净边，正面朝上，对齐平放。

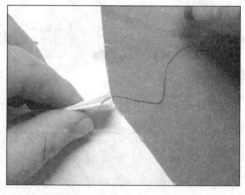

② 左手捏住两片衣片布边，右手拿针从一片布边内侧穿出，线结留在折边内。

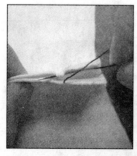

③ 缝针扎入另一侧布料，在折边内自右向左前行0.15~0.2cm后，穿出。

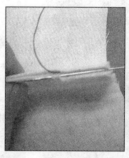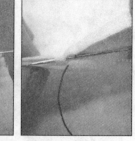

④ 依照步骤③交替在衣片间穿梭，针距保证在0.15~0.2cm，每行进5~6针做一针回针，避免衣片滑动。

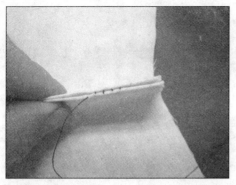
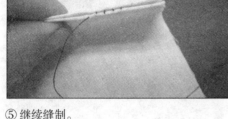
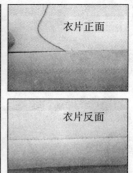

⑤继续缝制。　　　　　　　　⑥串针示例。

8. 三角针

三角针也叫花绷针。它常用于服装下摆、袖口、裤口贴边等处，既固定折边，又起到装饰作用。三角针是一种自左向右倒退操作的针法，缝制时应注意。

针法特点：线迹成连续V形，线迹长度为0.5~0.8cm，服装正面不露线迹。**操作如下：**

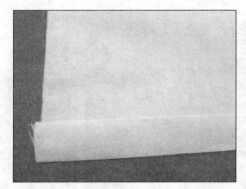
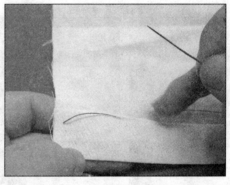

①衣片布边折转两次，熨平，衣片反面朝上。

②左手捏住衣片左侧，右手拿针从贴边内侧将针距折边0.6cm处穿出。

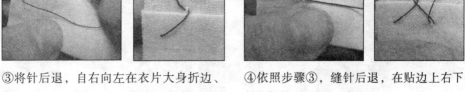

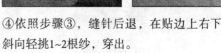

③将针后退，自右向左在衣片大身折边、距上一针右上斜向0.8~1cm处，轻挑1~2根纱，穿出。

④依照步骤③，缝针后退，在贴边上右下斜向轻挑1~2根纱，穿出。

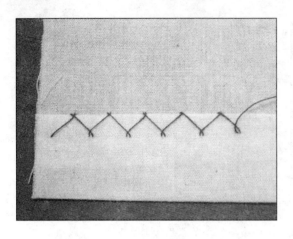

⑤三角针示例。

9. 纳针

纳针也叫八字针，因线迹呈八字形而得名。它是将多层布料或部件上下缝合为一体，如用于毛料西装或大衣的驳头、领子等。

针法特点：正面线迹呈"八"字形，线迹长0.6~0.8cm，反面线迹呈星点状。**操作如下：**

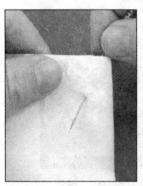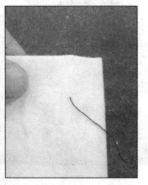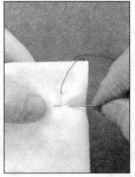

①缝针从多层布料夹层中自下向上穿出，起缝第一针，线结留在夹层中。

②缝针自出针处右斜下0.8cm、横向0.5cm处，自右向左刺入布料，轻挑底层布料1~2根纱，前行0.5cm后，穿出。

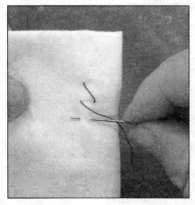

正面　　　　　反面

③ 依照步骤②缝制，完成一纵行后的针迹。

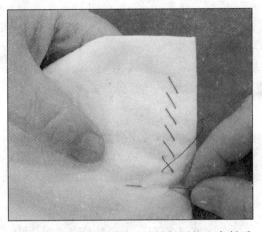
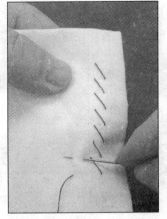
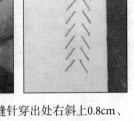

④当纳针缝到折返处时，缝针如图扎入布料后自右向左，前行1.2cm后穿出。

⑤缝针经折返穿出后，距缝针穿出处右斜上0.8cm、横向0.5cm处扎入，轻挑底层布料1~2根纱，前行0.5cm后，穿出。纳针线迹示例。

10. 打套结

套结常用于衣服的开叉、袋口两端及门里襟的封口部位，以增强封口的牢度和美观，其长度可根据需求设定。**操作如下：**

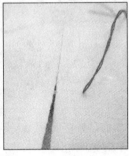
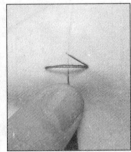
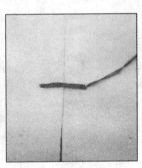

①打衬线。缝针从开叉口右侧0.6cm处自下向上穿出，线结藏于缝份中。缝针跨过叉口，针距长1.2cm穿入布料缝衬线，反复2~3次缝衬线3~4根（可用双线）。

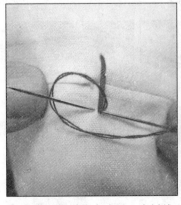

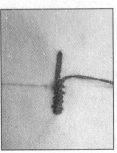
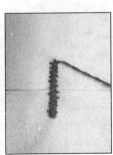

②锁缝。打衬线完成后，在衬线上用锁眼方式锁缝。注意锁缝时扎入的每一针都应刺穿布料，将下面的衬线一并锁住。

正面

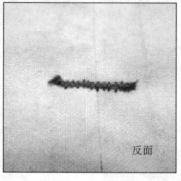

反面

③ 锁缝完成后，将缝针扎入布料反面，打结，套结制作完成。

11. 拉线袢

拉线袢主要用于夹里服装的贴边摆缝部位，起连接挂里和衣服大身的作用，也可用在叠门上端充当纽袢、做腰带袢等。操作如下：

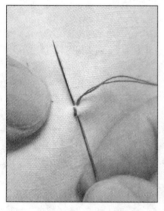

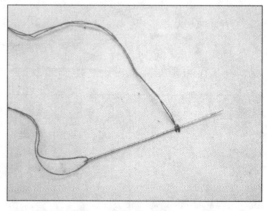

① 缝针用双线，从要拉线袢部位的反面穿出，线结藏于反面；随后，在距出针0.3cm处再次进针、穿出，重复两次，缝针带线从正面穿出，正面形成两道重叠缝线。

② 将缝针穿入两道缝线中，将针、线徐徐拉出，不要全部拉出，应留有一个稍大的线圈。

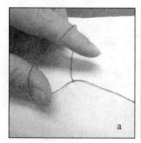

a

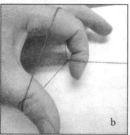

b

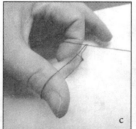

c

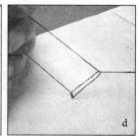

d

③ 左手拇指、食指伸入线圈，右手拉紧缝针和线，食指稍弯勾住缝线，将其穿过线圈后逐步拉紧，线圈缩小成一个实心小线结。

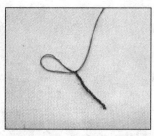
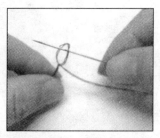
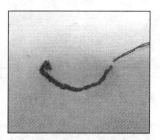

④ 重复步骤③，直到需要的长度。

⑤ 将缝针穿过最后一个线圈，拉紧成线袢。

⑥ 将线袢固定在设定的位置上，多固定两针，反面打结，剪断缝线即成。

三、手针锁扣眼与钉扣

1. 锁扣眼

锁扣眼也称锁针，它是一种通过将缝线绕成线圈串套，把布料毛边锁住的针法。在服装缝制中它不仅用于锁扣眼，还可以用于锁圆孔、腰带袢以及一些起装饰作用的服装局部绣边、挖花等。

手工锁眼时，应先确定下面三方面内容：

（1）扣眼类型 扣眼从外观上主要有平头扣眼和圆头扣眼两类。平头扣眼主要用于童装、男女衬衫等；圆头扣眼主要用于面料较厚的毛料西装、大衣、套装等。

（2）扣眼位置 扣眼位置应按照服装设计要求来决定，并且通常情况下扣眼间距相等。

（3）扣眼长度 通常按照下列方法计算扣眼长度：

$$扣眼长度 = 纽扣直径 + 纽扣厚度$$

手工锁扣眼时，一般使用涤棉线、棉线、丝线等，多采用双线，线的长度大约是扣眼长度的30倍。下面分别介绍锁平头扣眼和锁圆头扣眼。

锁平头扣眼操作如下：

① 确定扣眼位置和大小，开扣眼。

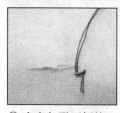
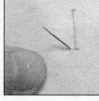
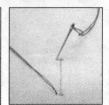
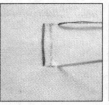

② 在离扣眼两侧约0.3cm处打衬线，衬线长度同扣眼长度。操作时，先在衣片反面浅缝两针，固定缝线后，缝针穿出衣片沿剪口打两根衬线。

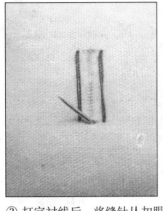

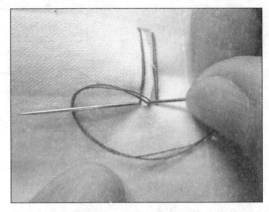

③ 打完衬线后，将缝针从扣眼剪开处由下向上穿出，缝线拉出，为下一步锁扣眼做准备。

④ 在扣眼尾部起针，将缝针紧挨缝线，从剪口边向下穿入，水平向左前行0.3cm后，挑住衬线后穿出。此时缝针穿出一半时停顿，右手指拿线，将缝线沿针由右上向左下绕一线圈。

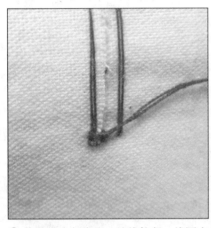
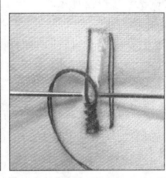
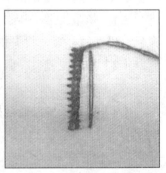

⑤ 将缝针全部穿出，缝线拉紧，线圈在扣眼剪口边形成小线结。重复步骤④，穿针、绕线圈、拉线结，将扣眼一侧剪口锁完。

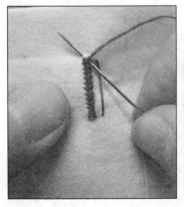
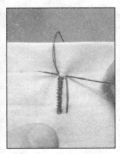
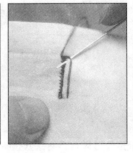

⑥ 在一侧剪口锁完后，缝针在剪口端横向缝两针封线，再竖向缝两针封线。

⑦ 将衣片逆时针旋转180°，重复步骤④、⑤、⑥，最后缝线在衣片反面打结，剪断缝线，完成整个锁扣眼过程。

⑧ 平头扣眼示例。

锁圆头扣眼操作如下：

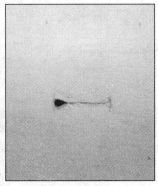
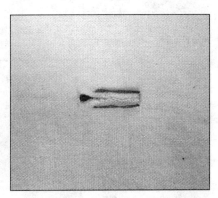

① 确定扣眼位置和大小，开扣眼。圆头扣眼前端剪0.3cm的圆孔，沿扣眼开口修顺边缘。

② 沿扣眼开口边缘，距边0.3cm缝衬线。

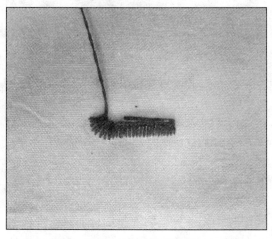
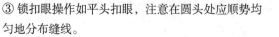
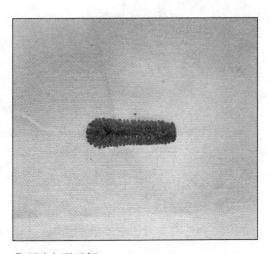

③ 锁扣眼操作如平头扣眼，注意在圆头处应顺势均匀地分布缝线。

④ 圆头扣眼示例。

2.钉纽扣

钉纽扣就是将纽扣缝缀、固定在服装上。常用的纽扣可分为有脚纽扣和无脚纽扣；也可根据扣眼个数分为两眼纽扣、四眼纽扣等。在纽扣缝制时一般采用与纽扣同色或相近颜色的缝线，一般采用双线。

（1）有脚纽扣的缝制 操作如下：

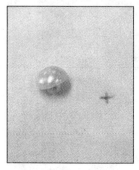

① 确定扣位。

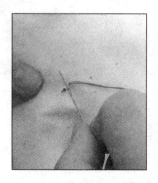

② 穿针引线打结，并在布料正面缝十字针，缝线从正面穿出。

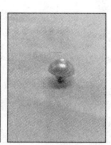

③ 将缝线穿入纽扣，拉紧缝线，纽扣缝缀在扣位。

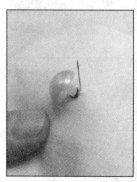

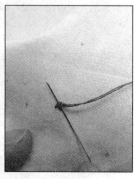

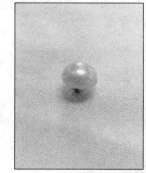

④ 重复步骤③3~4次，最后将缝线穿至布料反面，紧扣布面打止针结，并将缝线引入布料加层剪断即可。

⑤ 有脚纽扣钉纽扣完成示例。

（2）无脚两眼纽扣的缝制 无脚纽扣在缝缀时，如果只是装饰作用，那只需平服的钉在衣服上；如果要满足实用扣紧功能，就要求在钉纽扣时绕有线柱。下面介绍绕线柱的钉纽扣方法。**操作如下：**

① 确定扣位。

② 穿针引线打结，并在布料正面缝十字针，缝线从正面穿出。

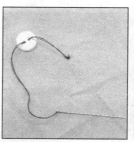

③ 将缝线穿入纽扣，抽拉缝线，缝线要预留0.3~0.5cm的松量。

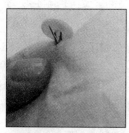

④ 重复步骤③2~3次。注意每次的穿线松量保持一致，便于后续操作。

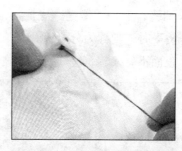

⑤ 将缝线由上到下，依托线柱紧密缠绕，一般绕6圈左右，高度为0.3~0.5cm，要保证扣好纽扣后衣身平服。

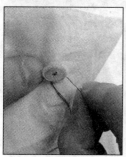

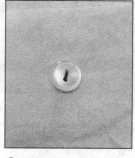

⑥ 线柱绕好后，在底端打止针结。然后将缝线穿至布料反面，再次打止针结，再将线引入布料夹层，剪断。

⑦ 无脚两眼纽扣钉纽扣完成示例。

（3）**无脚四眼纽扣的缝制** 无脚四眼纽扣常用在衬衫、外套、裤子等服装上，它的钉纽扣方法和无脚两眼纽扣一样，但由于纽扣表面有四眼，其穿线方法多样。常见的有三种：交叉、平行和方形，如图6-1-1所示。

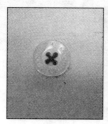

交叉

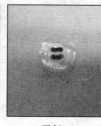

平行

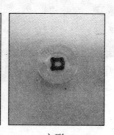

方形

图6-1-1 四眼纽扣穿线方法

第二节　机缝基础缝型工艺

随着缝制机械在服装生产中的大量应用，手针缝制逐步被替代，机缝工艺成为整个缝制工艺中的主要部分。在服装缝制过程中，衣片由不同的缝型连接在一起，满足不同的缝制需求。下面介绍一些比较常用的基础缝型的缝制工艺。

一、平缝

平缝也称合缝、平接缝，是机缝中最基础、使用最广泛的一种缝型。它常用于上衣的肩缝、侧缝、袖缝，下装的侧缝、底摆等部位。在应用中将缝份倒向一边时，称为倒缝；将缝份分开烫平时，则称为分开缝。

缝型特点：正面不见线迹，缝线直顺，宽窄一致，布料平整。**操作如下：**

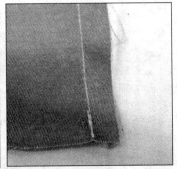

① 取两片布料正面相对，缝边上下层对齐。沿裁边按预留缝头绲缝，一般缝份预留0.8~1cm。操作时注意绲缝的开始和结束处需做回针处理，一般4~5针，两条线迹重合。

正面　　　　　反面（a）　　　　反面（b）

② 缝型成品示例。正面不见线迹，反面缝份成a图时为倒缝，成b图时为分开缝。

二、座绲缝

座绲缝也称分压缝，是一种在平缝的基础上分倒缝份，并缝绲一侧缝份的缝法，多用于裤子的裆缝等处，起固定缝口、增强牢度的作用。

缝型特点：缝份平服，无皱缩，正面可见缝线。**操作如下：**

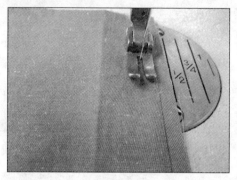

① 取两片布料正面相对叠放，缝边错开，上层缝份为0.6cm，下层缝份为1.2cm，按缝份缝合。

② 缝合后，熨烫将缝头倒向小缝份一边。

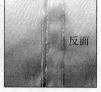

正面　　　　　　　　反面

③ 在布料正面距离衣缝0.7cm处，绲缝明线固定衣片和缝份（也可加绲一条0.1cm明线）。

④ 缝型成品示例。

三、扣压缝

扣压缝也称克缝、压绲缝，是将上层布料毛边翻转，扣烫实后绲在下层衣片上的一种缝法。它常用于男裤侧缝、衬衫覆肩、贴袋等部位。

缝型特点：折边平服不露毛边，正面线迹平整、顺直，清晰可见。**操作如下：**

① 将布料按规定缝份扣烫平整。

  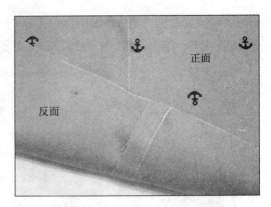

② 将扣烫好的布片放在缝制部位，上下片均正面朝上，定位。距上层折边0.1cm处缉缝线。也可按要求缉双明线。

③ 缝型成品示例。

四、搭接缝

搭接缝也称搭缝。它是将两块布料缝边平叠，居中缝缉的缝法。常用于衬布和某些需拼接又不外露的部位。

缝型特点：布料外观平服，正反面线迹清晰可见，衣缝平薄、不起梗。**操作如下**：

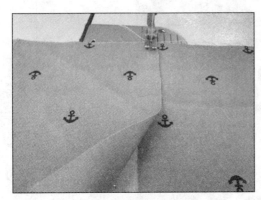 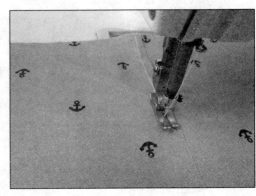

① 两布片均正面朝上，缝头互相搭合平整，叠合部位宽1.5cm。

② 沿叠合的缝份正中缉缝，缝合固定两布片。

③ 缝型成品示例。

五、卷边缝

卷边缝也称贴边缝，它是将布料毛边折转两次后缉缝，可宽可窄，宽边多用于衣服下摆、袖口、裤口等处，窄边多用于荷叶边等装饰布边的处理。

缝型特点：布面内外光洁，卷边平服，无毛边；正反面线迹平整顺直，清晰可见。**操作如下：**

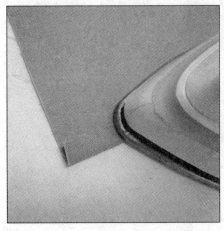
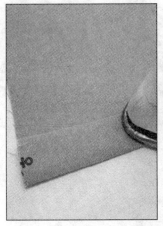

① 取一片布片，反面向上，将需缉卷边缝的一侧先扣烫出约0.5cm的折边。　② 将扣烫好的衣片按贴边的设计宽度1~3cm再次折转扣烫。

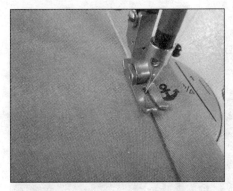
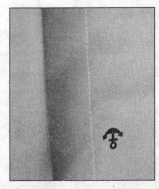
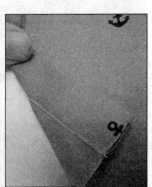

③ 沿扣烫后的折边上口缉0.1cm明线。操作时注意上下层松紧一致，防止起涟。　④ 缝型成品示例。

六、内包缝

内包缝也称反包缝。它是一种用一层布边包住另一层布边并缝合在一起的缝型，常用于上衣肩缝、摆缝，下装的裤缝、裆缝等。

缝型特点：缝合后布料正面可见一条缝线，反面可见两条缝线，缝型结实牢固。**操作如下：**

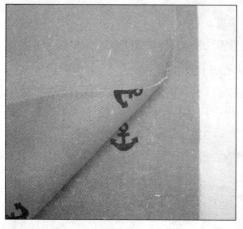

① 取两片布料正面相对叠合，下层布料缝份比上层多出0.8cm。

② 将下层布料缝边包转到上层，距毛边0.1cm缉一道缝线。

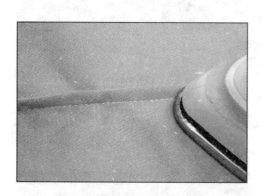

③ 在布料反面，以遮挡住毛边为折转方向，将缝份折转烫倒，熨烫平整。

④ 在布片正面距缉缝0.6cm缉第二道缝线。

⑤ 缝型成品示例。

七、外包缝

外包缝也称正包缝。它的成缝原理和用途同内包缝，外观缝型特点和内包缝相反。

缝型特点：缝合后布料正面可见两条缝线，反面可见一条缝线，缝型结实牢固。**操作如下**：

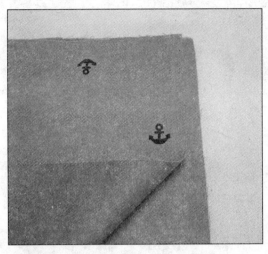 

① 取两片布料反面相对叠合，下层布料缝份比上层多出0.8cm。

② 将下层布料缝边包转到上层，距毛边0.1cm缉一道缝线。

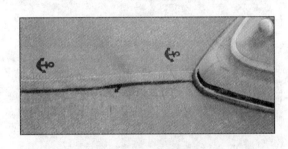

③ 在布料正面，以遮挡住毛边为折转方向，将缝份折转烫倒，熨烫平整。

④ 在布片正面距缉缝0.6cm缉第二道缝线。

⑤ 缝型成品示例。

八、来去缝

来去缝也称反正缝、筒子缝。它是一种将布料先正缝再反缝的缝型，常用于细薄面料服装的缝制。

缝型特点：缝份平整均匀，正反面均无毛出，正面不见缉线的缝型。操作如下：

① 将两布片反面相对并对齐，距布边0.3cm缉一道缝线。

② 将布片翻转，正面相对，扣齐缝边，熨烫平整。

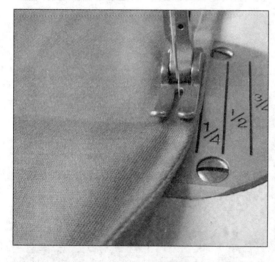

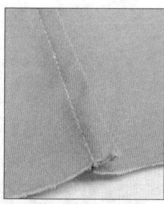

③ 在布料反面，距边0.6cm处缉第二道缝线。

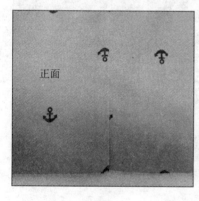

④ 缝型成品示例。

九、漏落缝

漏落缝也称灌缝，是一种将线迹藏于缉缝内的缝型，常用于呢料服装的镶嵌线或挖口袋。

缝型特点： 正面几乎不见缉线，反面清晰可见缝线的缝型。操作如下：

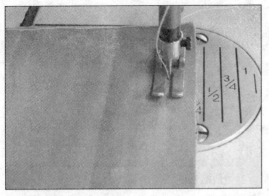

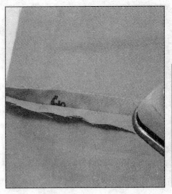

① 将两片布料正面相对，对齐缝边，沿布边1cm
缉一道缝线。

② 在布料反面，分烫缝份。并将需要在下层缝制
的布料按需求熨烫折转，超出缉缝。

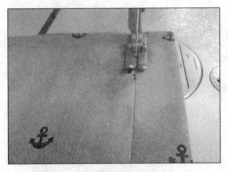

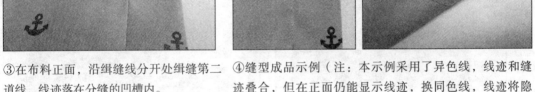

③在布料正面，沿缉缝线分开处缉缝第二
道线，线迹落在分缝的凹槽内。

④缝型成品示例（注：本示例采用了异色线，线迹和缝
迹叠合，但在正面仍能显示线迹，换同色线，线迹将隐
匿）。

十、别落缝

别落缝是一种将线迹暗藏于前一缉缝旁边的缝型，常用于裤腰和裙腰的腰头的缝
制。它与漏落缝的区别在于拼缝的缝份不分烫而单面坐倒，缉线紧贴第一道缉线边缘。

缝型特点：缝型牢固平整，正面缉线紧贴缉缝，不太明显，反面清晰可见一条缝
线。操作如下：

① 将两片布料正面相对，对齐缝边，沿布边1cm
缉一道缝线。

② 将上层布料向下翻转，缝份倒向上层布料，按
需求折烫平整，超出缉缝。

③ 在布料正面，紧贴绲缝边缘绲第二道缝线。

④ 缝型成品示例。

十一、咬合缝

咬合缝是一种经两次缝绲，将两层布料的毛边包转在内的缝法。多用于装领子、绲袖头、绲腰头等部位。

缝型特点：正反面均可见一条缝线的缝型。**操作如下：**

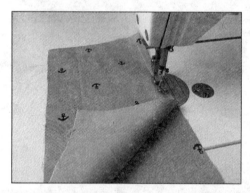

① 将两片布料均正面朝上，对齐缝份叠合，沿布边1cm绲一道缝线。

② 先将缝份倒向下层布料，然后将下层布料另一布边向内扣烫0.8～1cm的缝份，折光布边。

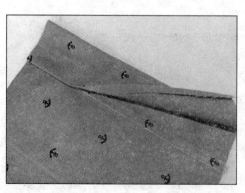

③ 将下层布料向上翻转，让折边盖住第一道缝线，并超出0.1～0.2cm，熨烫平整。

④ 沿折边0.1cm，绲第二道缝线。

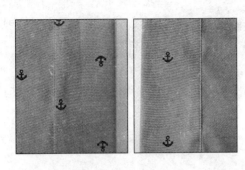

⑤ 缝型成品示例。

十二、夹缝

夹缝也称闷缉缝，它常用于裙腰、裤腰、袖克夫等一次成缝的部位。

缝型特点： 正反面均可见缉线的缝型。**操作如下：**

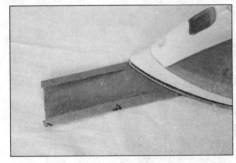

① 将一片布料两边布边沿1cm折边，扣烫平整。

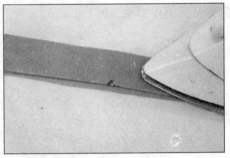

② 将折光毛边的布料折烫成双层，下层比上层宽0.1cm。

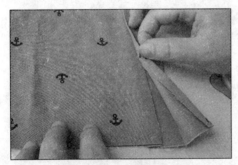

③ 将另一单层布料夹在双层布料间，正面朝上，定位。

④ 沿最上层布料边0.1cm缉一道缝线，同时将三层布料缝合。

正面 反面

⑤ 缝型成品示例。

第三节　服装零部件缝制工艺

在服装上常见的部件有领、袖、口袋、门襟、开叉、克夫等，不同的部件有其具体的缝制工艺。下面介绍一些服装部件的缝制工艺。

一、袖叉的缝制

为了便于穿着，衣袖上袖口部位设计开叉，称为袖叉。男、女衬衫中常用的袖叉主要有直袖叉和宝剑头袖叉两种。

1.直袖叉

直袖叉是现在多用于女衬衫上的一种袖叉。它采用宽窄相同的一条袖叉条来完成袖叉的制作，其制作简单，但叉型稍欠美观，如图6-3-1所示。

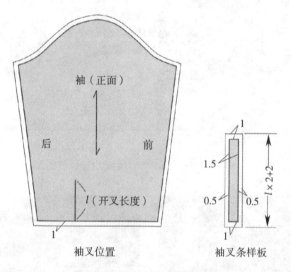

图6-3-1　直袖叉的制图与放缝

操作如下：

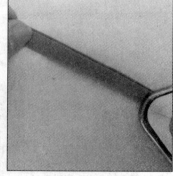

① 按照直袖叉制图绘制叉位和袖叉条，并裁剪备用。

② 将袖叉条扣净两侧缝份后，对折熨烫。注意袖叉条下层侧边宽出上层0.1cm，熨实、压平。

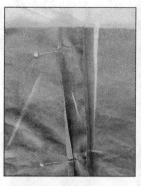

③袖片开叉并反面朝上，与袖叉条正面相对，将袖叉拉直，开叉根部缝份为0.1cm，叉口为0.6cm，用珠针定位缝份。

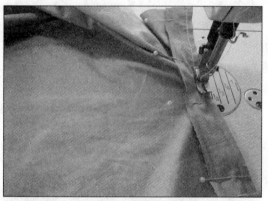

④拉直袖叉条，按缝份缉缝，注意袖开叉根部的缝份要缝住。

⑤将袖片正面朝上，袖叉条翻正，包住开叉，沿折边缉0.1cm明线。

⑥翻到袖片反面，对折袖叉条，在袖叉根处缉缝来回针3～4遍打结。

⑦制作完成的直袖叉。

2. 宝剑头袖叉

宝剑头袖叉是最常见的经典男衬衫袖叉。它通常采用宽窄不同的两条袖叉条来完成袖叉制作，叉型美观，制作较复杂，并可在此基础上结合衬衫款式变化出多种袖叉式样，如图6-3-2所示。

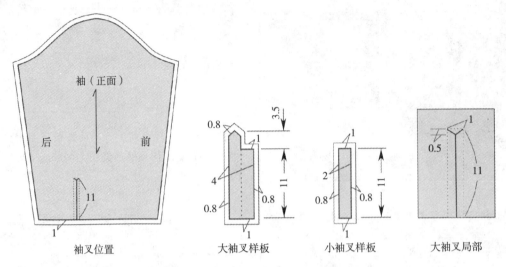

袖叉位置　　　　大袖叉样板　　　小袖叉样板　　　大袖叉局部

图6-3-2　宝剑头袖叉的制图与放缝

操作如下：

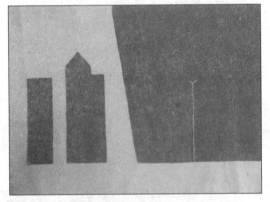

① 按照宝剑头袖叉制图绘制叉位和袖叉条，并裁剪备用。

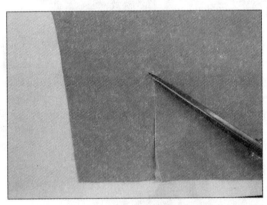

② 在袖片上开叉，注意小三角不要剪大。

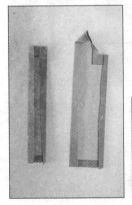

③ 先按袖叉净样板扣烫光边，再折烫叉条，让里层宽于外层0.1cm，熨实压平。

④ 袖片正面向上平放，打开小袖叉条，比齐袖口边，抵紧小三角，翻折夹住袖片开叉。

⑤ 沿小袖叉条正面缝边缉0.1cm明线，缝至叉根，起止回针。注意要将上中下三层都缝住。

⑥ 向袖片里折倒小袖叉条，露出小三角，缉缝2~3遍回针，固定小袖叉条上端和小三角。

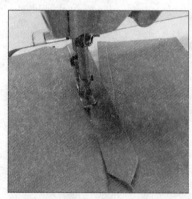

⑦ 按缝小袖叉条的方法，将大袖叉条夹住另一侧袖片开叉，沿大袖叉缝边缉0.1cm明线，并在上端缉缝出宝剑头，最后横向缉线两道，线迹同轨。

⑧ 缝制完成的宝剑头袖叉。

二、嵌线口袋的缝制

嵌线口袋主要有单嵌线口袋和双嵌线口袋两种，广泛应用于男女裤、女时装、茄克、大衣等服装上，并根据服装款式的不同，口袋的大小、宽窄也不同。

1. 单嵌线口袋

单嵌线口袋又称单眼皮、一字袋。按照图6-3-3所示准备开袋裁片。首先设定袋位及开袋大小，其次裁剪垫袋布、口袋嵌条和袋布。在此单嵌线口袋缝制中，垫袋布承担了开袋时上方嵌条的作用。

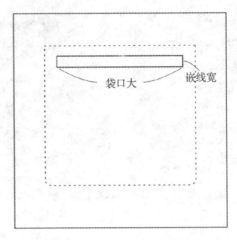

图6-3-3　单嵌线口袋示意图

裁片尺寸设定如下：

嵌条、袋垫布：长度为（袋口大＋2cm），宽度为（嵌线宽×2＋2cm）。

使用经纱或斜纱，嵌条1片，袋垫布1片。

袋布：长度为（口袋深×2，一般为25～40cm），宽度为（袋口大＋4cm）。

使用经纱，袋布1片。

操作如下：

① 设定袋位，袋口长12cm，嵌线宽1cm。画出袋位，并按要求裁剪出嵌条、袋垫布、袋布。

② 在衣片袋位、嵌条和袋垫布反面烫衬，并在嵌条和袋垫布反面画出开袋缉缝线，长度为袋口长，距边宽0.5cm。

③ 嵌条、袋垫布和衣片正面相对，嵌条放在袋口线正下方，袋垫布放于正上方。嵌条、袋垫布上的缉缝线和袋口平行，分别距离袋口0.5cm。

④ 按缉缝线车缝上下两道线，注意起止回针，且两线要平行。

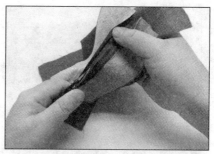

⑤ 拨开缝份，按袋位线剪开袋口，注意剪到距两端1cm处时，余下部分剪成小三角形。

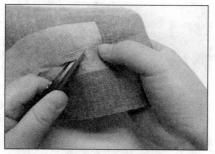

⑥ 剪小三角时，可翻转到衣片反面进行，以便于操作。操作时注意要剪到距缉线1~2根纱处，但不能剪断缉线。

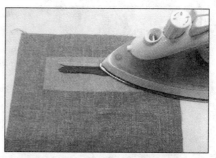

⑦ 在衣片反面，分烫下侧缉缝嵌条和衣片的缝份。

⑧ 将嵌条、袋垫布翻转到衣片内侧。按照设定的单嵌线宽度折烫嵌条。

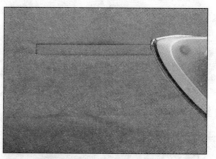

⑨ 整理好嵌条和袋垫布，压实烫平缝份，定型袋口、嵌条。

⑩ 掀起下侧衣片，沿嵌条车缝线缉缝，固定嵌条和衣身缝头。

⑪ 袋布与嵌条布正面相对，比齐缝边，缉缝，缝份为0.5cm。

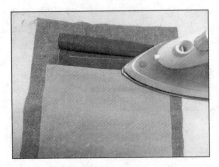

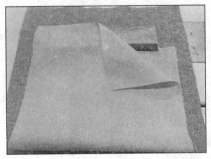

⑫ 在衣片反面折倒熨烫袋布，并将袋垫布下端翻折扣烫出0.5cm宽缝边备用。

⑬ 掀起袋布，将袋布上端比齐袋垫布缝边，定位。

⑭ 翻转放平袋布与袋垫布，沿扣烫好的袋垫布缝边，将两者缉缝固定。

⑮ 袋布上端比齐袋垫布缝边，沿袋垫布缉缝线，车缝固定袋布与袋垫布、衣片缝份。

⑯ 放平、整理好衣片、嵌条、袋布及小三角布，缉缝固定小三角。缉缝时注意袋口位的平服，并车缝3～4道缝线。

⑰ 掀起衣片，车缝上、下层袋布，注意起止回针。

⑱ 制作完成的单嵌线口袋。

2. 双嵌线口袋

双嵌线口袋又称双眼皮、二字袋。按照图6-3-4所示准备开袋裁片。其程序与单嵌线口袋相同，但注意开袋嵌条为两条。

裁片尺寸设定如下：

嵌条、袋垫布：长度为（袋口大＋2cm），宽度为（嵌线宽×2＋2cm）。

使用经纱或斜纱，嵌条2片，袋垫布1片。

袋布：长度为（口袋深×2，一般为25～40cm），宽度为（袋口大＋4cm）。

使用经纱，袋布1片。

操作如下：

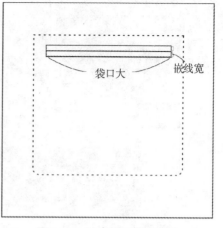

图6-3-4　双嵌线口袋示意图

① 设定袋位，袋口长12cm，嵌线宽0.5cm。画出袋位，并按要求裁剪出嵌条、袋垫布、袋布。

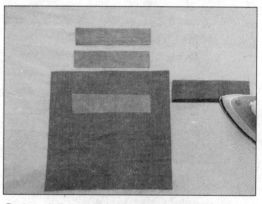

② 在衣片袋位、嵌条反面烫衬，并扣烫袋垫布下侧缝边，缝份为0.5cm。

③ 在嵌条反面距边0.5cm画出开袋缉缝线，长度为袋口长。与单嵌线口袋步骤相同，将上下嵌条定位于袋位，嵌条上的缉缝线和袋口平行，距袋口0.5cm。

④ 按缉缝线车缝上下两道线，注意起止回针，且两线要平行。

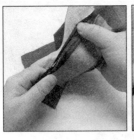

⑤ 与单嵌线口袋操作相同，拨开缝份，按袋位线剪开袋口，注意袋口两端剪成小三角形。

⑥ 在衣片反面，分烫上、下两侧绲缝嵌条和衣片的缝份。

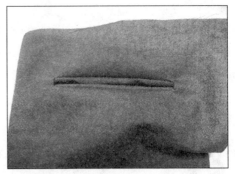

⑦ 将嵌条、小三角布翻转到衣片内侧，整理上下嵌条，要求宽窄一致。

⑧ 整理好嵌条，压实烫平缝份，定型袋口、嵌条。

⑨ 掀起下侧衣片，沿下嵌条车缝线绲缝，固定下嵌条和衣身缝头。

⑩ 袋布与下嵌条布正面相对，比齐缝边，绲缝，缝份为0.5cm。

⑪ 在衣片反面折倒熨烫袋布，定位袋垫布，袋垫布光边在下端。

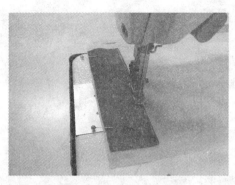

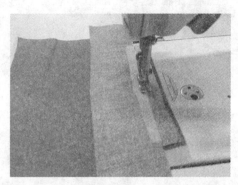

⑫ 缉0.1cm明线，固定袋垫布和袋布。

⑬ 折返袋布，让袋垫布、袋布比齐上嵌条缝份，沿上嵌条缉缝线，车缝固定袋布与袋垫布、衣片缝份。

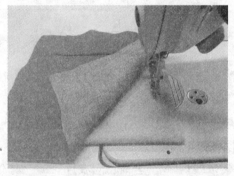

⑭ 放平、整理好衣片、嵌条、袋布及小三角布，缉缝固定小三角。缉缝时注意袋口位的平服，并车缝3～4道缝线。

⑮ 掀起衣片，车缝上、下层袋布，注意起止回针。

⑯ 制作完成的双嵌线口袋。

三、领子的缝制

1. 平领

平领是一种领座较低、比较平坦的领型。由于装领处弧线曲度较大，适合采用斜布条缉边的装领方法，如图6-3-5所示。

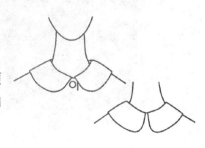

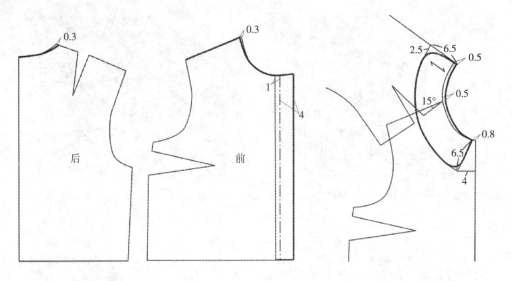

图6-3-5 平领裁剪示意图

按照裁剪图准备裁片如下：前片2片，后片1片，领面2片，领里2片，斜布条1条（正斜向，宽2.5cm，长度为上领线长）。

裁剪时裁片缝份为1cm，并标记对位记号。

操作如下：

◆ 步骤1——缝合前、后衣片

① 在前衣片领口标记装领止点。挂面反面熨烫粘合衬。

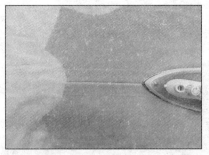

② 熨烫门襟。

③ 缝合肩缝、侧缝。

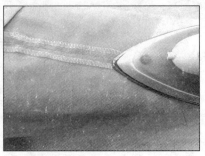

④ 分烫肩缝、侧缝。

◆ **步骤2——做领子**

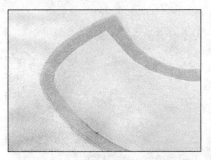

① 修剪领里外口线缝份为0.8cm。图中显示出与衣领净样对照，在领底线处面、里缝份相同；在领外口线处领里比面缝份少0.2cm。

② 在两片领面的反面熨烫粘合衬。粘合衬裁剪时比衣领净缝内收约0.1cm。

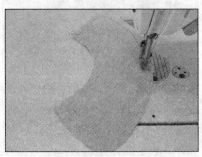

③ 领片正面相对，领里在上，按0.8cm缝份缉缝领外口线。

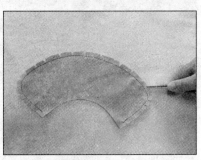

④ 修剪领外口缝份为0.4~0.5cm，并打剪口，弧度大的地方剪口密些。

⑤ 将缝份熨烫，倒向领里。

⑥ 按缉缝线边缘折转并翻正领片，领里在上，将领片外口熨烫成里外均匀。

⑦ 整理好领片领底线，用手针或疏缝固定领底线，缝份为0.8cm。

◆ 步骤3——上领

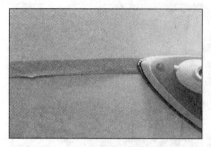

① 将斜条一侧布边扣烫0.5cm缝份。

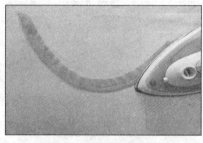

② 将斜条熨烫成领口线状弧线形。

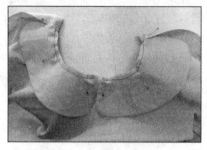

③ 将领面朝上，对准装领记号、缝份，用珠针固定。

④ 将斜条叠在领面上，两端盖过挂面1cm，多余部分剪掉。对齐缝份，可以辅以手针绗缝固定。将衣片、衣领和斜条车缝固定，缝份为1cm。

⑤ 将领口线处缝份有层次地剪窄，留缝份为0.4~0.5cm，并打剪口。

⑥ 将挂面翻正，整理好斜条，熨烫平整。

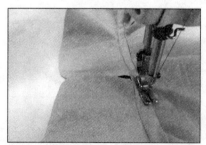

⑦ 斜条在上，衣片在下。沿斜条折烫线缉缝0.1cm线，两端过挂面0.5cm，注意回针。缝制时注意平顺，避免起涟。

⑧ 整理、熨烫衣领。

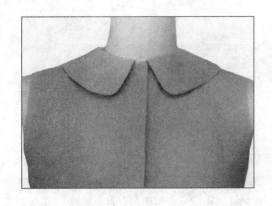

⑨平领完成效果图

2. 立领

立领是一种衣领围绕颈部直立环绕的领型，领角可圆可方，常用于旗袍、中式上衣、衬衫等服装中，如图6-3-6所示。

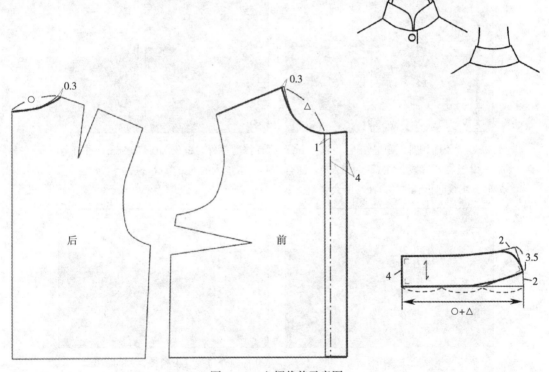

图6-3-6　立领裁剪示意图

按照裁剪图准备裁片如下：前片2片，后片1片，领面1片，领里1片。

裁剪时裁片缝份为1cm，并标记对位记号。

操作如下：

◆ **步骤1——缝合前、后衣片**

缝合前后衣片步骤可参照平领制作，此处略去。

◆ 步骤2——做领子

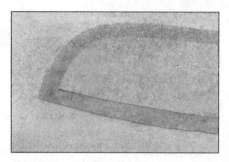

① 修剪领里外口线缝份为0.8cm。图中显示出与衣领净样对照，在领底线处面、里缝份相同；在领外口线处领里比面缝份少0.1cm。

② 在两片领面的反面熨烫粘合衬。粘合衬裁剪时比衣领净缝内收约0.1cm。

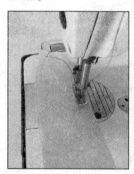

③ 领片正面相对，领里在上，按0.8cm缝份缉缝领外口线，注意起止回针。缝合时，缉线起止点在外口线净缝线处。

④ 修剪领外口缝份为0.4~0.5cm，并打剪口，弧度大的地方剪口密些。

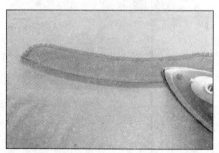

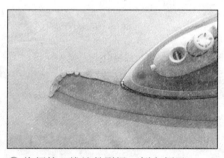

⑤ 折烫领里领底线缝份。

⑥ 将领外口线缝份熨烫，倒向领里。

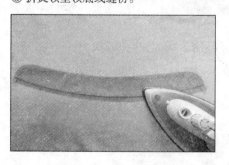

⑦ 按缉缝线边缘折转并翻正领片，领里在上，将领片外口熨烫成里外均匀。

◆ **步骤3——上领**

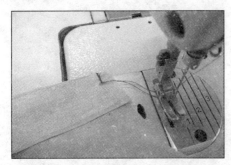

① 前片和挂面正面相对，按净缝线从门襟边缉缝至装领止点，注意起止回针。

② 在装领止点部位将缝份打剪口，注意剪到缝线止点位置，翻正门襟，熨烫平整。

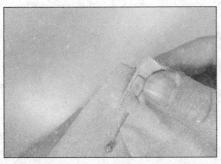

③ 将领面和衣片正面相对，对齐衣领后中点、颈侧点、装领止点，用珠针辅助定位。

④ 沿净缝线缉缝，缝合领面和衣片，注意起止回针，缉线顺畅。

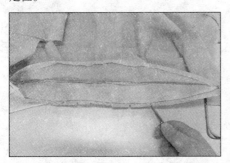

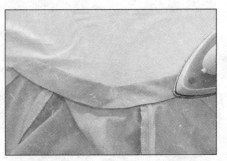

⑤ 将上领缝份修剪为0.5cm，并在弧线处打剪口。

⑥ 熨烫缝份，使其倒向领面。翻正后的领里的领底线恰盖住上领线，熨烫平整衣领。

⑦ 用手针绗缝，固定领里、领面。

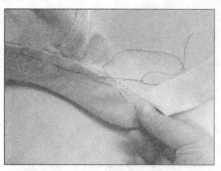

⑧手针缲缝，将领里和衣片缝合。缝合时
注意手针线迹与上领线叠合。

⑨拆除疏缝线，整理、熨烫衣领。

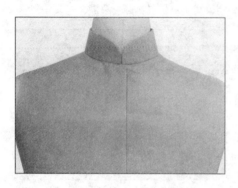

⑩立领完成效果图

第七章

服装裁剪与制作实例

实例1　A字裙的裁剪与制作

一、A字裙造型特点

A字裙的裙身造型从腰围到臀围较合体，裙摆量适中，臀围放松量较小。一般腰部无省或者有一个省道，裙长可长可短，是不受年龄、体型限制，穿着场合比较广泛的大众款式，如图7-1-1所示。

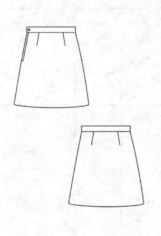

图7-1-1　A字裙示例

二、A字裙成品规格

A字裙号型选用160/68A，其成品规格设定如下：

部位	裙长	腰围	臀围	裙腰
规格/cm	48	70	92	3

三、A字裙裁剪制图

1. 绘制A字裙制图基础线（图7-1-2）

① 绘制**后中心参考线**：作一条竖直线，线长为裙长–裙腰高=45cm，作为后裙片中心参考线。

② 绘制**上平线**：垂直线①，过其上端点，绘制一条水平线，该线为腰线设计参考线。

③ 绘制**下平线**：垂直线①，过其下端点，绘制一条水平线，作为裙底边的设计参考线。

④ 绘制**前中心参考线**：作线①的平行线，距离其$H/2+8cm=54cm$，与线②、③垂直，作为前裙片中心参考线。

⑤ 绘制**臀围线**：距离上平线向下18cm绘制一条水平线，作为臀围参考线。

⑥ 绘制**后侧缝辅助线**：在后中心参考线和臀围线交点向右侧缝方向量出$H/4-0.5cm=22.5cm$处，确定后臀宽，通过该后臀宽点作平行于后中心参考线的垂线，作为后裙片侧缝设计参考线。

⑦ 绘制**前侧缝辅助线**：在前中心参考线和臀围线交点向左侧缝方向量出$H/4+0.5cm=23.5cm$处，确定前臀宽，通过该前臀宽点作平行于前中心参考线的垂线，作为前裙片侧缝设计参考线。

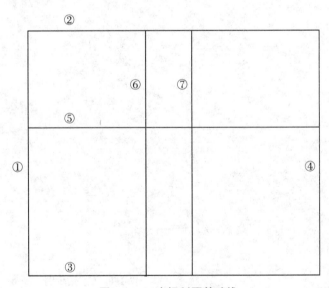

图7-1-2　A字裙制图基础线

2. A字裙前裙片制图（图7-1-3）

1）确定**前腰尺寸**：从线②、④交点向左侧缝方向量出前腰尺寸，为$W/4+0.5cm+2.5cm=20.5cm$。

2）**前腰口起翘**：由前腰尺寸点向上1.5cm定点，作为前腰围线外侧起点*A*点。

3）**裙摆外侧起翘**：从线③、⑦交点向外侧2cm，向上方1.5cm定点，作为裙底摆外侧点B点。

4）绘制**前腰口弧线**：连接A点与线②、④交点，成圆顺的腰口弧线。

5）绘制**前腰省**：在前腰口弧线1/2处定省位，省宽2.5cm，省长9cm，省中线垂直于弧线切线。

6）绘制**裙片前中心线**：连接线②、④交点与线③、④交点。

7）绘制**前侧缝弧线**：将A点，线⑤、⑦交点，B点连成圆顺线。

8）绘制**裙底摆线**：将B点与线③、④交点连成圆顺的下摆弧线。

3. A字裙后裙片制图（图7-1-3）

1）确定**后腰尺寸**：从线①、②交点向后侧缝方向量出后腰尺寸，为W/4−0.5cm+3cm=20cm。

2）**后腰口起翘**：由后腰尺寸点向上1.5cm定点，作为后腰围线外侧起点C点。

3）**裙摆外侧起翘**：从线③、⑥交点向外侧2cm、向上方1.5cm定点，作为裙底摆外侧点D点。

4）绘制**后腰口弧线**：在线①、②交点正下方0.7cm处取点E，将E点和C点连成圆顺的腰口弧线。

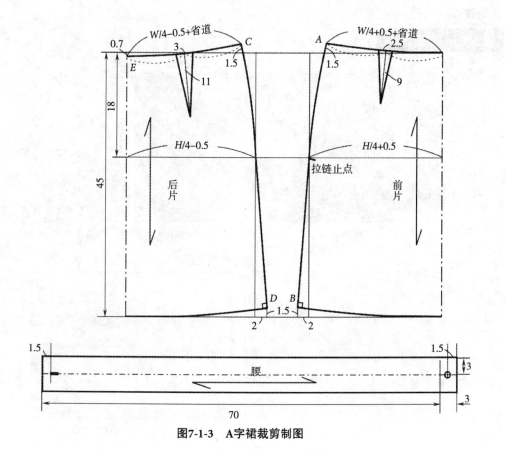

图7-1-3　A字裙裁剪制图

5）绘制**后腰省**：在后腰弧线1/2处定省位，省宽3cm，省长11cm，省中线垂直于弧线切线。

6）绘制**裙片后中心线**：连接E点与线①、③交点。

7）绘制**后侧缝弧线**：将C点，线⑤、⑥交点，D点连成圆顺线。

8）绘制**裙底摆线**：将D点与线①、③交点连成圆顺的下摆弧线。

4. A字裙裙腰制图（图7-1-3）

1）绘制长为W+3cm=73cm、宽为6cm的长方形，为裙腰样板。

2）设定扣位和扣眼位，距腰头1.5cm处。

四、A字裙纸样修正

通常情况下，基础制图纸样绘制完成后，就可以按此放缝、排料，裁剪缝制了。但很多情况下，还需进行纸样的变化、修正后，才能进行后续的工作。

最简单的纸样修正，就是检查基础纸样中的每一裁片，如前后侧缝、裙腰尺寸、腰口弧线等，务必使对应缝合部位尺寸相等、弧线顺畅等，这样做的目的在于有利于后面的缝制工作及提高成品质量。当然裁片修正时还有可能涉及省道的转移，裁片的分割、拼合、拉伸等多种情况，在后续的实例中会根据具体情况展开说明。在本实例中，主要介绍腰省的修正。

小窍门—省道修正

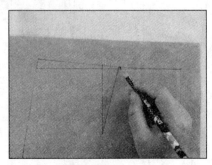

① 绘制裙前片及腰省。

② 拼合纸样上的省道，省道倒向侧缝，并别针固定。

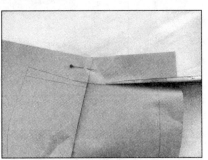

③ 修正省道位置腰部弧线。

④ 按修正后的弧线剪纸样。

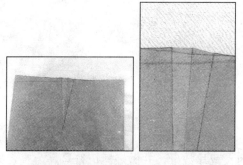

⑤从图中可看出修正后的腰省在腰线处呈微突状，且腰口弧线在省道线两边也向上微调，即将腰口弧线修圆顺。

五、A字裙纸样放缝

A字裙的纸样放缝如图7-1-4所示。

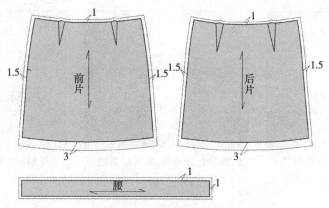

图7-1-4　A字裙纸样放缝

六、A字裙裁剪排料

A字裙的裁剪排料如图7-1-5所示，图中选用了幅宽112cm的面料，用料75cm。

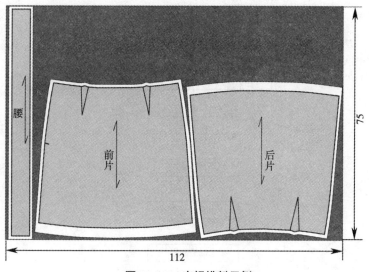

图7-1-5　A字裙排料示例

七、A字裙裁剪与缝制

（一）A字裙的裁剪

1. 材料准备

面料：幅宽112cm棉布，用量75cm。

辅料：20g无纺衬、缝纫线、拉链、纽扣。

2. 裁剪

按照排料图将布料铺开，定位纸样，注意纱向、裁片数量，并做好标记符号。

A字裙裁片包括：前裙片1片、后裙片1片、裙腰1片。

裁剪示范

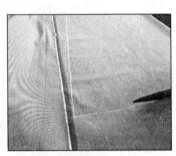

① 将放缝后的纸样按排料图平铺在布料上，定位、画样。

② 描绘标记点，根据需要也可打线丁定位标记点。

③ 按划粉线裁剪布料。

（二）A字裙的缝制

A字裙的缝制流程如图7-1-6所示。

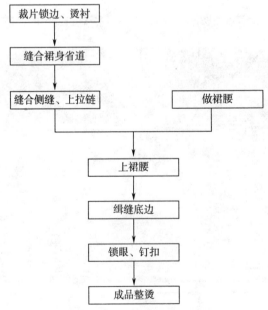

图7-1-6　A字裙缝制流程

步骤详解

◆ 步骤1——裁片锁边、烫衬

① 将裙前片、裙后片侧缝锁边。

② 在裙侧缝上拉链处布料内侧，自腰线向下粘2cm宽、22cm长薄型粘合衬。

③ 按腰头净样裁剪粘合衬，在腰布里侧粘衬。

◆ 步骤2——缝合裙身省道

① 用珠针固定省道，车缝腰省。

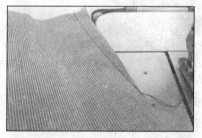

② 车缝腰省至省尖处时，继续车缝3~4针空针，拉出裁片，留5cm余线后剪断。

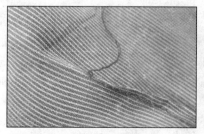

③ 将省尖处余线一起打结后，留1cm后其余剪掉。

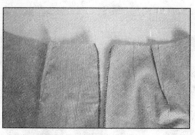

④ 缝纫好的前后片省道。

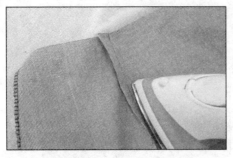

⑤将省褶倒向侧缝，在裙片内侧整烫。

⑥垫上布馒头，正面整烫省褶。

◆ **步骤3——缝合侧缝、上拉链**

①在裙片左侧缝内里标记出拉链止点。

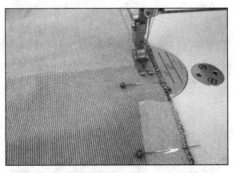

②前、后片正面相对，对齐左侧缝，从底边车缝至拉链止点处回针，再继续疏缝至腰口。

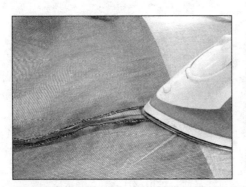

③熨烫左侧缝。

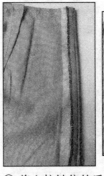

0.3cm

④将上拉链位的后片缝份拉出，沿缉缝折烫出0.3cm。

⑤ 将拉链对齐后片缝份，沿拉链轨道边车缝0.1cm缉缝线。注意车缝至后3cm处时，机缝针插入布面，抬起压脚，用手提起拉链头，向上滑动，闭合拉链，继续缝纫，注意起始回针。

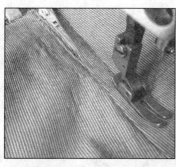  

⑥ 翻正裙片，将上拉链处抚平。距缝份1~1.2cm，车缝固定另一拉链条。注意拉链止口处如图中白色虚线缝制，车缝3~4遍，回针固定。

⑦ 拆掉拉链侧缝处的疏缝线，上拉链完成。

⑧ 缝合右侧缝并分烫缝份。

◆ **步骤4——做裙腰**

① 在裙腰裁片里侧标记上腰止点、前后裙中点等对位点。

② 折边1cm按净缝扣烫腰内侧缝边。

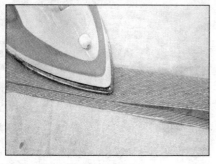 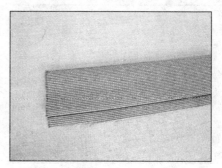

③ 按裙腰中折线熨烫腰头。

④ 扣烫好的腰头。

◆ 步骤5——上裙腰

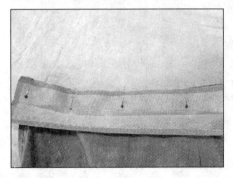

① 将腰头与裙腰对位，别针固定。

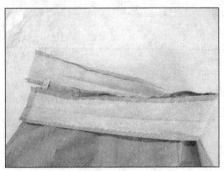

② 疏缝，固定裙腰。

③ 车缝上腰缝边。

④ 车缝至上腰止点回针缝4~5针。

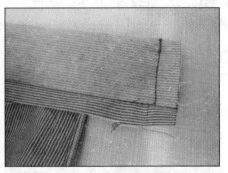

⑤ 翻折腰头对齐，车缝腰头扣位端。在腰线水平方向缝2cm，回针。

⑥ 翻折腰头对齐，车缝腰头扣眼端。

⑦ 翻折熨烫腰头。

⑧ 疏缝固定腰里、腰面。

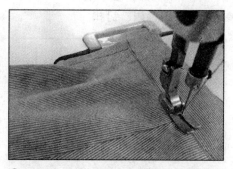

⑨ 正面在腰线处压0.1cm明线，缝合固定
腰里、腰面。

⑩ 拆除疏缝线，熨烫腰头。

◆ **步骤6——缉缝底边**

① 按1cm向裙里侧折边，扣烫底边。

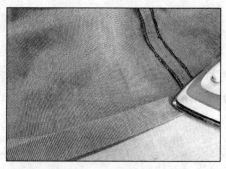

② 以距光边2cm处再次向里侧折边，扣烫
底边。

③ 裙里侧向上，距底边折边光边处压
0.1cm明线。

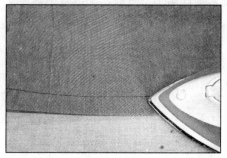

④ 熨烫底边。

◆ 步骤7——锁眼、钉扣

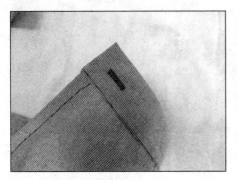
① 在裙腰扣眼位锁眼。

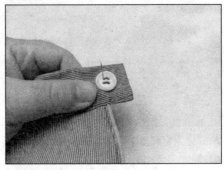
② 在裙腰扣眼位钉扣。

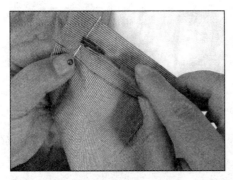
③ 将珠针插于距扣眼末端0.2cm处，用拆线器开扣眼，避免扣眼开漏。

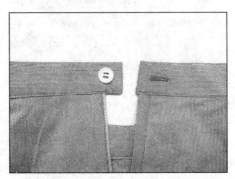
④ 完成锁眼、钉扣的腰头局部。

◆ 步骤8——成品整烫

① 先清除裙子正反面的线头、粉印等，确保裙身整洁。

② 整烫裙身反面，包括侧缝、省道、底边、腰里等，要求烫死、压服。

③ 整烫裙身正面，将各缝份烫实，尤其是上拉链和裙腰处，整件裙子烫平服，完成整烫。

成品效果图

实例2 女圆领无袖衫的裁剪与制作

一、女圆领无袖衫造型特点

女圆领无袖衫，采用套头式，衣身适身。细节上前领口正中有一个褶裥，领圈部分采用了领贴设计，整体设计简洁大方，如图7-2-1所示。

图7-2-1 女圆领无袖衫示例

二、女圆领无袖衫成品规格

女圆领无袖衫号型选用160/84A，其成品规格设定如下：

部位	后中长	胸围	背长	肩宽
规格/cm	58	96	38	34

三、女圆领无袖衫裁剪制图

1.绘制女圆领无袖衫制图基础线（图7-2-2）

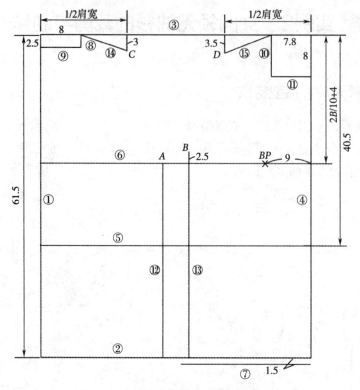

图7-2-2　女圆领无袖衫衣身制图基础线

　　① **绘制后中心参考线**：作一条竖直线，线长为后中长+2.5cm+1cm=61.5cm，作为衣片后中心参考线。

　　② **绘制底边参考线**：垂直线①，过其下端点向右绘制一条下平线，作为衣服底边参考线。

　　③ **绘制上平线**：垂直线①，过其上端点绘制一条上平线，该线为女圆领无袖衬衫开领、落肩定点的参考线。

　　④ **绘制前中心参考线**：垂直线②、③作另一条竖直线，距离线①为B/2+5cm=53cm，此线作为衣片前中心参考线。

　　⑤ **绘制腰节线**：在线③下方距离其腰节长+后领深=38cm+2.5cm=40.5cm，绘制水平线，作为腰节线，且与线①、④垂直相交。

　　⑥ **绘制袖窿深线**：在线③下方距离其2B/10+4cm=23.2cm，绘制水平线，作为袖窿深参考线，且与线①、④相交。

　　⑦ **绘制底边辅助线**：在线②下方距离其1.5 cm，作一条平行线，作为前衣片底边辅助线。

　　⑧ **绘制后领宽线**：垂直线③，在线①右方距离其8cm作平行线，作为后领宽线。

　　⑨ **绘制后领口深线**：垂直线①，在线③下方距离其2.5cm作平行线，作为后领口深线。

⑩ 绘制**前领宽线**：在线④和线③的交点左侧7.8cm定点作线③的垂线，作为前领宽线。

⑪ 绘制**前领口深线**：在线④和线③的交点正下方8cm定点作线④的垂线，作为前领口深线。

⑫ 绘制**后侧缝参考线**：平行线①在其右侧作平行线，距离为B/4=24cm，与线②、⑤、⑥垂直相交，与线⑥交于A点。

⑬ 绘制**前侧缝参考线**：平行线④在其左侧作平行线，距离为B/4=24cm，且与线②、⑤、⑥垂直相交，且延伸到与线⑥交点上方2.5cm处的B点。

⑭ 确定**后落肩点**，绘制**后肩斜线参考线**：在线③上距离线①、③交点右方1/2肩宽=17cm处定点，此点正下方3cm处设为后落肩点C。连接C点与线③、⑧的交点，作为后肩斜线参考线。

⑮ 确定**前落肩点**，绘制**前肩斜线参考线**：在线③上距离线③、④交点左方1/2肩宽=17cm处定点，此点正下方3.5cm处设为前落肩点D。连接D点与线③、⑩的交点，作为前肩斜线参考线。

⑯ 确定**BP**：在线⑥上，距离线⑥、④交点左方9cm处定为BP。

2. 女圆领无袖衫前片制图（图7-2-3）

1）绘制**前肩斜线**：在前肩斜线参考线上距离线③、⑩交点3.5cm定点F，DF为前肩斜线。

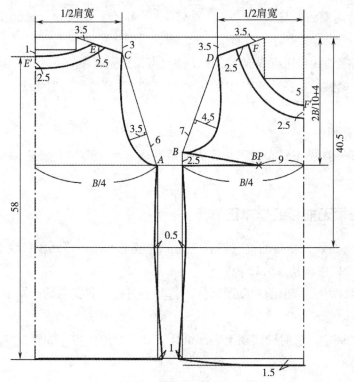

图7-2-3　女圆领无袖衫衣身裁剪制图

2）绘制**前领口线**：在线④、⑪交点下方5cm处定点F'，用圆顺弧线连接F、F'点，作为前领口线。

3）绘制**前袖窿弧线**：在直线DB上距离B点7cm处作DB的垂线段，长度为4.5cm，定点。过此点，以圆顺弧线连接D、B点，作为前袖笼弧线。

4）设定**腋下省**：分别直线连接B、BP，以及线⑥、⑬交点与BP，构成腋下省。

5）绘制**前侧缝线**：从线⑥与线⑬交点处开始，在线⑤与线⑬交点处向右内吸0.5cm，在线②与线⑬交点处向左撇出1cm，画顺前侧缝线。

6）绘制**前底边线**：用圆顺弧线连接线④、⑦交点与前侧缝线的下端点，画出前底边线。

7）绘制**前领贴线**：在前片衣身上距离弧线FF' 2.5cm处作相似弧线，分割前衣片，形成前领贴线。

3. 女圆领无袖衫后片制图（图7-2-3）

1）绘制**后肩斜线**：在后肩斜线参考线上距离线③、⑧交点3.5cm定点E，EC为后肩斜线。

2）绘制**后领口线**：在线①、⑨交点下方1cm处定点E'，用圆顺弧线连接E、E'点，作为后领口线。

3）绘制**后袖窿弧线**：在直线CA上距离A点6cm处作CA的垂线段，长度为3.5cm，定点。过此点，以圆顺弧线连接C、A点，作为后袖笼弧线。

4）绘制**后侧缝线**：从线⑥与线⑫的交点A处开始，在线⑤与线⑫交点处向左内吸0.5cm，在线②与线⑫交点处向右撇出1cm，画顺后侧缝线。

5）绘制**后底边线**：用直线连接线①、②交点与后侧缝线的下端点，画出后底边线。

6）绘制**后领贴线**：在后片衣身上距离弧线EE' 2.5cm处作相似弧线，分割后衣片，形成后领贴线。

4. 袖窿斜条制图

袖窿斜条采用45°正斜布料，长度为前后袖窿之和，再加上余量4cm，宽度为2.3cm（图略）。

四、女圆领无袖衫纸样修正

按照该款女圆领无袖衫的款式特点，其前片腋下省被转移到领口线上，设计成位于前领口正中的领口省，其方法如下：

1）在图7-2-3中提取出前片制图纸样，将其放置在一张空白的制图纸上，沿图7-2-4a中虚线剪开纸样，剪至BP。

2）以BP为圆心，逆时针转动上半部纸样直到闭合腋下省，如图7-2-4b中虚线修正领口线。

3）标示领口褶裥位置，如图7-2-4c所示确定前衣片纸样。

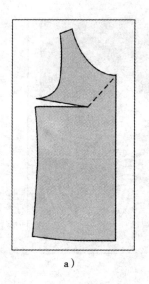 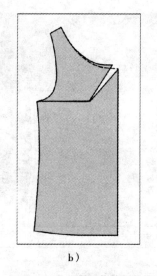 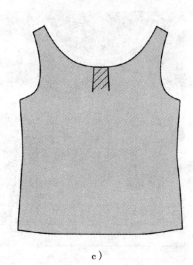

a）　　　　　　　　　b）　　　　　　　　　c）

图7-2-4　女圆领无袖衫前片纸样修正

五、女圆领无袖衫纸样放缝

女圆领无袖衫的纸样放缝如图7-2-5所示。

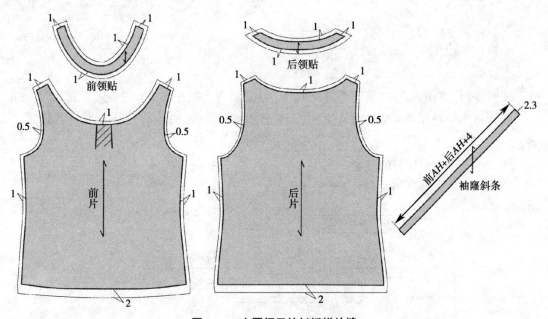

图7-2-5　女圆领无袖衫纸样放缝

六、女圆领无袖衫裁剪排料

女圆领无袖衫裁剪排料可参见图7-2-6所示，图中选用了幅宽150cm的面料，用料64cm。

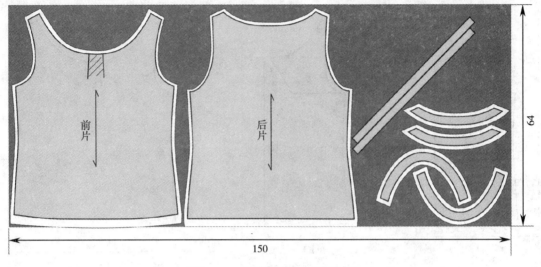

150

图7-2-6　女圆领无袖衫排料示例

七、女圆领无袖衫裁剪与缝制

（一）女圆领无袖衫的裁剪

1. 材料准备

面料：幅宽150cm雪纺纱，用量65cm。

辅料：20g无纺衬、缝纫线。

2. 裁剪

按照排料图将单幅布料铺开，定位纸样，注意纱向、裁片数量，并做好标记符号。

女圆领无袖衫裁片包括：前片 1片、后片 1片、前领贴 2片、后领贴 2片、袖窿斜条2条。

（二）女圆领无袖衫的缝制

女圆领无袖衫的缝制流程如图7-2-7所示。

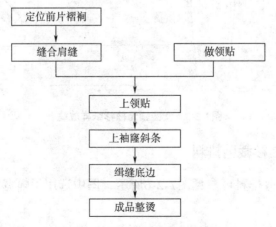

图7-2-7　女圆领无袖衫缝制流程

步骤详解

◆ 步骤1——定位前片褶裥

① 将前衣片平铺，按褶裥对位记号，别针固定裥位。

② 沿裁边缉缝固定褶裥，缝份为0.8cm。

◆ 步骤2——缝合肩缝

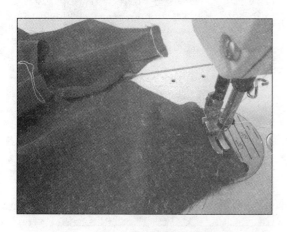

① 将前后衣片正面相对，肩缝对齐，前片在上，缝合肩缝，从左肩缝车缝到右肩缝。在起始和结束时注意回针，缝份为1cm。

 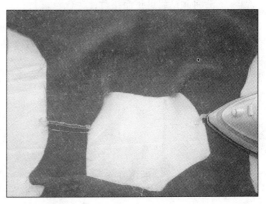

② 包边锁缝肩缝，操作时前片在上。

③ 熨烫肩缝，令其缝头倒向后片。

◆ 步骤3——做领贴

① 将无纺衬按领贴净样大小裁剪后,与前、后领贴里布熨烫粘合。

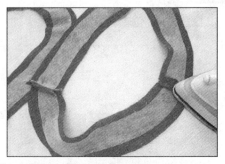

② 将前、后领贴表布正面对合,缉缝肩缝处,缝份为1cm,分烫缝头。

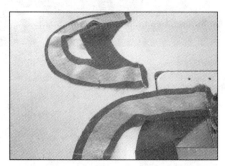

③ 将前、后领贴里布正面对合,缉缝肩缝处,缝份为1cm。

④ 分烫缝头。折光扣烫领贴里的下沿,缝份为0.8cm。

⑤ 将领贴表里正面相对,缝合领贴上沿,缝份为1cm。

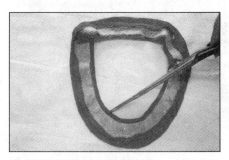

⑥ 修剪领贴上沿缝头至0.5cm,弧线处打剪口。

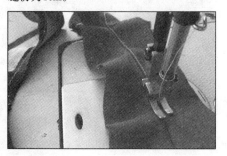

⑦ 翻转领贴,沿表里合缝线,缉缝里布和缝头,距缝线0.1cm。

⑧ 熨烫领贴。将领贴止口熨烫平服、圆顺,领贴里不反吐,做到里外均匀。

◆ 步骤4——上领贴

① 检查、标记领贴、衣片领口的前后正中、肩缝对缝记号。

② 打开领贴，反面朝外。将领贴表布与衣片的领圈正面对合，领贴在上层，缉缝缝合，缝份为1cm。

③ 修剪上领贴缝头至0.6cm，弧线处打剪口。翻正领贴，将领口缝头倒向领贴，熨烫平整。

④对齐对位标记，沿上领贴缝线，手针疏缝固定衣身和领贴里。

⑤ 沿上领贴缝线，缉别落缝，缝合衣片和领贴里，完成上领贴。

⑥上领贴完成。

◆ 步骤5——上袖窿斜条

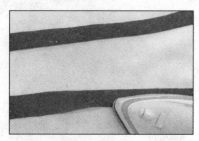

① 扣烫斜条边缘的一侧，缝份为0.8cm。

② 归拔斜条，将其熨烫成与袖窿相似的圆弧形。

③ 将斜条与衣片正面相对，对齐袖窿后缉缝，缝份为0.5cm。

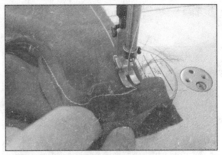

④ 对齐前、后衣片侧缝，前片在上，分别缉缝左、右侧缝，缝份为1cm。缝合时注意也将袖窿斜条打开，对齐缝合。

⑤ 包边锁缝侧缝，操作时衣片正面在上层，注意锁缝至距离上袖隆斜条缉线0.5cm处。

⑥ 熨烫侧缝，将其倒向后片。整理好袖窿止口处斜条，要将此处锁边线折光。

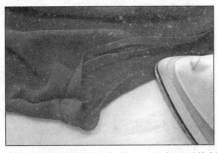

⑦ 在袖窿缝份圆弧上打剪口，注意不要剪断缝线。反转斜条，熨烫成里外均匀。

⑧ 手针疏缝固定斜条。

⑨ 衣身里侧朝上，从腋下沿袖窿斜条折边，距折光边0.1cm缉明线。

⑩ 熨烫袖窿。

◆ **步骤6——缉缝底边**

① 扣烫底边。将衣片底边按1cm缝份分两　② 衣片里侧向上放置，沿折边光边处
次向内折光熨烫。　0.1cm缉明线。

◆ **步骤7——成品整烫**

　　先将衣服翻转，从衣身反面先熨烫肩缝、侧缝、底
摆边、袖隆斜条，再熨烫领贴，要求缝边压实、烫煞。
再将衣服翻到正面，按上述步骤再熨烫一遍。注意熨烫
时喷水、垫布，借助烫凳、布馒头等进行。

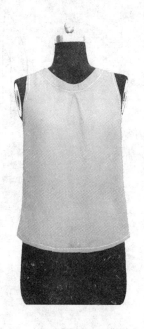

成品效果图

⠿ 实例3   男长袖衬衫的裁剪与制作

一、男长袖衬衫造型特点

男长袖衬衫衣身为四开身结构，宽松造型。款式细节为单片式衣袖，袖口为两个褶，宝剑头袖叉，分领坐式折领，左侧胸袋，门襟6粒纽扣，是男式衬衫中的基础款式，如图7-3-1所示。

图7-3-1   男长袖衬衫示例

二、男长袖衬衫成品规格

男衬衫号型选用170/90A，其成品规格设定如下：

部位	衣长	胸围	肩宽	袖长	袖口围	克夫宽	领围
规格/cm	74	110	46	60	24	6	40

三、男长袖衬衫裁剪制图

（一）衣身制图

1.绘制男长袖衬衫衣身制图基础线（图7-3-2）

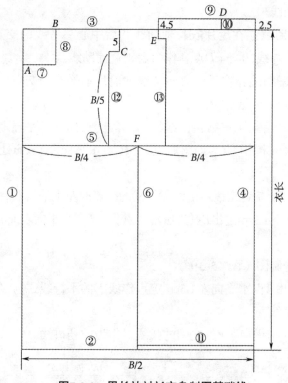

图7-3-2　男长袖衬衫衣身制图基础线

① 绘制**前中心参考线**：作一条竖直线，线长74cm（即衣长），作为衬衫前片中心参考线。

② 绘制**底摆设计参考线**：垂直线①过其下端点绘制一条水平线，该线作为衬衫前片下平线和底摆设计参考线。

③ 绘制**前片上平线**：垂直线①过其上端点绘制一条水平线，作为衬衫前片上平线和后片衣领设计参考线。

④ 绘制**后中心参考线**：距离前中心参考线B/2=55cm，作与线②、③垂直相交的另一条竖直线，作为衬衫后片中心参考线。

⑤ 绘制**袖窿深线**：距离前片上平线向下B/5+5cm=27cm绘制一条水平线，作为袖窿深线。

⑥ 绘制**侧缝参考线**：在前、后中心参考线之间，与两者等距处，作线⑤的垂线并与之交于F点，作为衬衫侧缝参考线。

⑦ 绘制**前领深辅助线**：在前中心参考线和前片上平线的交点向下领围/5+0.3cm=8.3cm处，作线③的平行线，与线①交于A点，作为前领深辅助线。

⑧ 绘制**前领宽辅助线**：在前中心参考线和前片上平线的交点向右领围/5−0.3cm=7.7cm处，作线①的平行线，与线③交于B点，作为前领宽辅助线。

⑨ 绘制**后片衣长辅助线**：在后中心参考线和前片上平线交点向上2.5cm处，作水平

线，作为后片衣长辅助线。

⑩ 绘制**后领宽辅助线**：在后片衣长辅助线和后中心参考线的交点向左领围/5=8cm处，作线④的平行线，与线⑨交于*D*点，作为后领宽辅助线。

⑪ 绘制**后片底摆辅助线**：在后中心参考线和前片下平线的交点向上1cm处绘制平行于前片下平线的直线，和侧缝参考线相交。

⑫ 确定**前落肩点**，绘制胸宽线：由线①、③的交点向右水平量取肩宽/2=23cm处定点，由此点垂直向下5cm定出*C*点为前落肩点；由*C*点水平向左2.5cm处作线⑤的垂线，作为胸宽线。

⑬ 确定**后落肩点**，绘制背宽线：由线④、⑨的交点向左水平量取肩宽/2+0.5cm=23.5cm处定点，由此点垂直向下4.5cm定出*E*点为后落肩点；由*E*点水平向右2cm处作线⑤的垂线，作为背宽线。

2. 男长袖衬衫衣身制图（图7-3-3）

1）绘制**门襟线**：由*A*点水平向左1.5cm定点作线①的平行线，与线②的延长线相交，此线为男长袖衬衫门襟线。

2）绘制**前领口线**：画顺*A*、*B*点之间的弧线，作为前领口线。

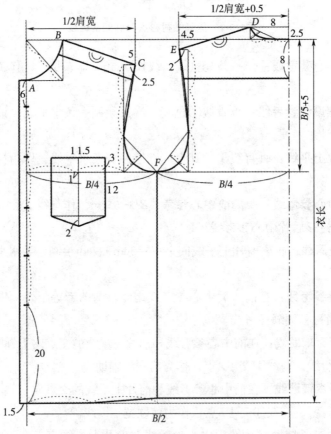

图7-3-3　男长袖衬衫衣身裁剪制图

3）绘制**前肩线**：直线连接B、C点，作为前肩线。

4）绘制**前袖窿弧线**：将胸宽线三等分，在下1/3处定点，过此点以圆顺弧线分别连接C、F点，作为衬衫前袖窿弧线。

5）绘制**后领口线**：画弧线连接D点和线③、④的交点，作为后领口线。

6）绘制**后肩线**：直线连接D、E点，作为后肩线。

7）绘制**后袖窿弧线**：将背宽线三等分，在下1/3处定点，过此点以圆顺弧线分别连接E、F点，作为衬衫后袖窿弧线。

8）绘制**侧缝线**：直线连接F点和线⑥、⑪的交点，作为侧缝线。

9）绘制**后片底摆线**：线⑪作为后片底摆线。

10）绘制**前片底摆线**：在线①、②交点和线⑥、②交点间1/2处定点，以此点为参照，将门襟线、侧缝线的下端点连接，画顺弧线，作为前片底摆线。

11）绘制**前、后过肩线**：在前片衣身上平行于前肩线3cm作分割线，此线为前过肩线；从后领窝处向下量取8cm定点，过此点作水平线分割后衣身，此线称为后过肩线。

12）绘制**口袋**：在前中心参考线和胸宽线间1/2处偏右1cm处定为胸袋中线，胸袋宽11.5cm、长12cm；胸袋上口高于线⑤3cm；胸袋底端三角长出2cm。

13）定位**衣身扣位**：此款男长袖衬衫为6粒扣，其中衣身门襟上有5粒扣。在前中心参考线上最下端1粒扣距离底边为20cm。设定衣身门襟上的第一粒扣位在A点下方6cm处；将衬衫上最上方和最下方的扣位间的距离四等分，确定衣身上其余纽扣的位置。

（二）袖子制图

1.绘制男长袖衬衫袖子制图基础线（图7-3-4）

① 绘制**袖中线**：绘制一条竖直线，线长为袖长–克夫宽=54cm，该线为衬衫袖中线，上端点A为袖山顶点。

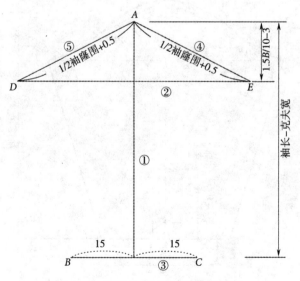

图7-3-4 男长袖衬衫袖子制图基础线

② 绘制**袖山高参考线**：垂直于袖中线，距离线①的上端点*A*为1.5*B*/10−3cm=13.5cm，绘制一条水平线，作为袖山高参考线。

③ 绘制**袖口线**：过线①的下端点作线①的垂线，作为袖口参考线。在袖口参考线上以它与线①的交点为中点，对称均分袖口围度+褶裥量=24cm+6cm=30cm，定点*B*、*C*，线段*BC*为袖口线。

④ 绘制**袖山斜线**：以*A*点为起点，在线②上分别定点*D*、*E*，使线段*AD*、*AE*的长度均为1/2袖窿围+0.5cm（注：袖窿围数据从衣身制图中获取，它等于前、后衣片袖窿之和）。

2. 男长袖衬衫袖子制图（图7-3-5）

1）绘制**前袖山弧线**：四等分前袖山斜线*AE*，再由其1/2处沿斜线方向向下量1cm处定点，然后由此点用圆顺弧线分别连接点*A*、*E*，弧线在上1/4处垂直斜线向外上方抬升1.5cm，弧线在下1/4处垂直斜线向内下凹入1.3cm，画顺整条弧线。

2）绘制**后袖山弧线**：三等分后袖山斜线*AD*，在其2/3处定点，过此点用圆顺弧线分别连接点*A*、*D*，弧线在上1/3处垂直斜线向外上方抬升1.8cm，弧线在下1/6处垂直斜线向内下凹入0.5cm，画顺整条弧线。

3）绘制**前、后袖肥线**：分别直线连接*CE*和*BD*，作为前、后袖肥线。

4）定位**袖叉、褶裥**：在袖口线上设计两个等大褶裥，褶裥量为3cm。以线①和线③的交点向前袖方向量3cm作为第一褶裥；在后袖上距离第一褶裥2cm处确定第二褶裥。以*B*点和线①、③的交点连线的1/2处向上作线③的垂线，线长12cm，定为袖叉位。

5）绘制**袖克夫**：紧贴袖口线*BC*在其下方绘制长24cm、宽6cm的矩形，矩形下端倒圆角，完成袖克夫绘图。

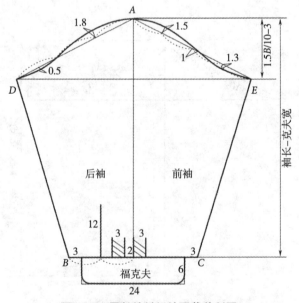

图7-3-5 男长袖衬衫袖子裁剪制图

（三）领子制图

1. 绘制男长袖衬衫领子制图基础线（图7-3-6a）

① 绘制**领中参考线**：绘制一条竖直线，作为领中参考线。

② 绘制**领大参考线**：作线①的平行线，距离其为1/2领围=20cm，作为领大参考线。

③ 绘制**翻领外口参考线**：垂直线①和线②作水平线，它和线①交于A'点。

④ 绘制**翻领内口参考线**：在线③下方距离其4.5cm作平行线，它和线①交于A点。

⑤ 绘制**底领上口参考线**：在线④下方距离其2cm作平行线，它和线①、②分别交于E点和C点。

⑥ 绘制**底领下口参考线**：在线⑤下方距离其3.4cm作平行线，它和线①交于E'点。

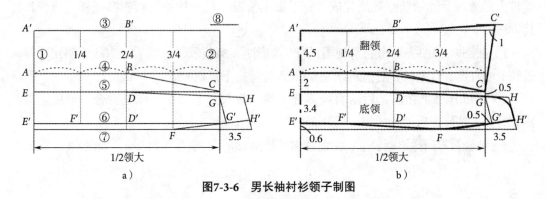

图7-3-6 男长袖衬衫领子制图

⑦ 绘制**底领下口辅助线**：在线⑥下方距离其0.6cm作平行线。

⑧ 绘制**翻领造型辅助线**：在线①上方距离其0.5cm作平行线。

⑨ 在线①和线②之间，将1/2领围四等分，过等分点作线①的平行线，分别是1/4处、2/4处和3/4处参考线。其中2/4处参考线和线③、④、⑤、⑥分别交于B'、B、D、D'点；1/4处参考线和线⑥交于F'点；3/4处参考线和线⑦交于F点。

⑩ 绘制**底领辅助线**：在线②上C点下方0.5cm处定点G点；直线连接F点与线⑥、②的交点并延长0.5cm至G'点，直线连接GG'；以线⑦、②的交点为起点在其右侧线⑦延长线上3.5cm处定点，过此点作GG'的平行线和DG、FG'的延长线分别相交于H、H'点。

2. 男长袖衬衫翻领制图（图7-3-6b）

1）绘制**翻领外口线**：在线③上距离线②和线③的交点右侧1cm处定点；直线连接C点和此点并延长，与线⑧交于C'点。直线连接A'、B'点，弧线连接B'、C'点，画顺整条$A'B'C'$线段。

2）绘制**翻领内口线**：直线连接B、C点，作为翻领内口弧线参考线。用圆顺弧线连接A、C点，作为翻领内口线。

3. 男长袖衬衫底领制图（图7-3-6b）

1）绘制**底领上口线**：以直线DG及其延长线、直线HH'为参考线，先用圆顺弧线连接E、D、G点，再弧线连接G、H'点。绘制时注意整段上口线的平顺。

2）绘制**底领下口线**：以直线 F' F 、FH' 为参考线，先用直线连接 E' 、F' 点，再弧线连接 F' 、F 、G' 点，最后直线连接 G' 、H' 点。绘制时注意整段下口线的平顺。

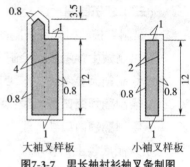

图7-3-7　男长袖衬衫袖叉条制图

（四）袖叉条制图

袖衩条制图如图7-3-7所示。

四、男长袖衬衫纸样修正

按照该款男长袖衬衫的款式特点，其采用了过肩设计，并且衬衫门襟贴由前衣片门襟扩出，通过后续的缝制程序完成。针对以上情况，对男长袖衬衫衣身纸样进行修正，其方法如下：

1）在图7-3-3中提取出衣身制图纸样，如图7-3-8a所示，参照后过肩线，确定后袖窿弧线上的省道，省尖位于后过肩线左1/3处，省量向下量取0.5cm。

2）将纸样分别在前、后落肩线剪开，前、后衣身上部在肩线处拼合，形成过肩纸样。另外，按修正后的纸样提取后片，如图7-3-8b所示。

3）结合衬衫门襟缝制要求，左前片向外扩出4cm，右前片扩出6cm，如图7-3-8c所示。

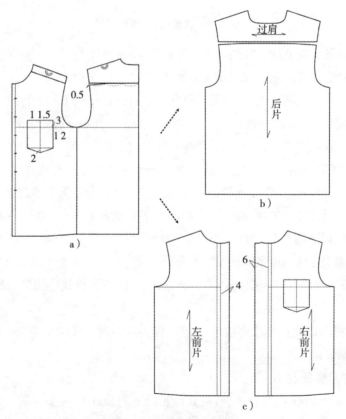

图7-3-8　男长袖衬衫纸样修正

五、男长袖衬衫纸样放缝

男长袖衬衫纸样放缝如图7-3-9所示。

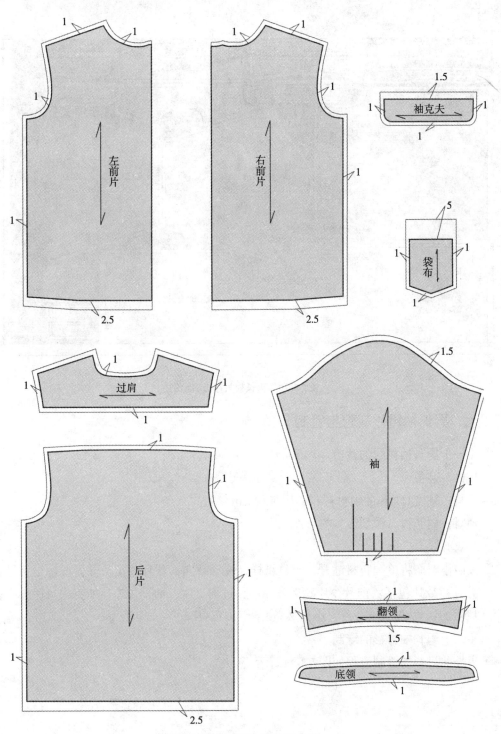

图7-3-9　男长袖衬衫纸样放缝

六、男长袖衬衫裁剪排料

男长袖衬衫裁剪排料可参见图7-3-10所示，图中选用了幅宽112cm的面料，用料185cm。

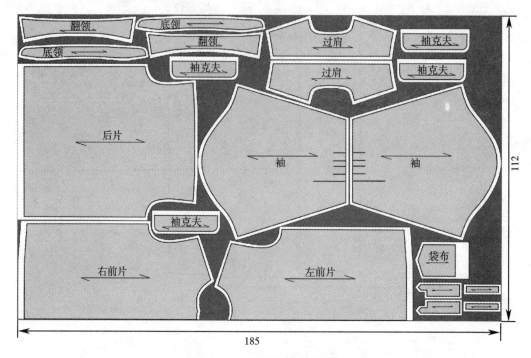

图7-3-10 男长袖衬衫排料示例

七、男长袖衬衫裁剪与缝制

（一）男长袖衬衫的裁剪

1.材料准备

面料：幅宽112cm的棉衬衫布，用量185cm。

辅料：树脂衬、缝纫线、衬衫纽扣。

2.裁剪

按照排料图将单幅布料铺开，定位纸样，注意纱向、裁片数量，并做好标记符号。

男衬衫裁片包括：前片2片、后片1片、过肩2片、袖子2片、袖克夫4片、底领2片、翻领2片、大袖叉条2条、小袖叉条2条、袋布1片。

（二）男长袖衬衫的缝制

男长袖衬衫的缝制流程如图7-3-11所示。

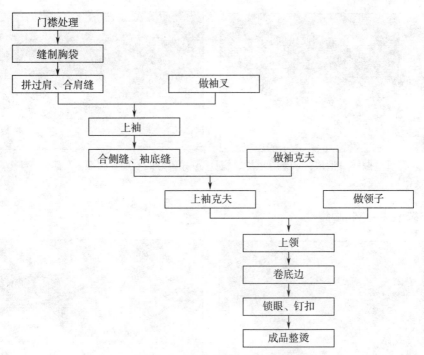

图7-3-11 男长袖衬衫缝制流程

步骤详解

◆ 步骤1——门襟处理

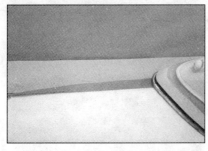

① 将衬衫左前片反面朝上，按门襟净样先扣烫1.2cm折边。

② 将折边向上翻转，折进2.8cm扣烫。

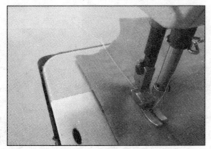

③ 左前片反面朝上，按扣烫的折边净边0.1cm缉缝，处理完成左前片门襟。

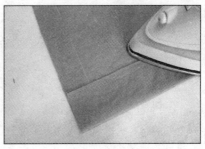

④ 右前片反面朝上，将门襟净样放置定位，扣烫3cm折边。

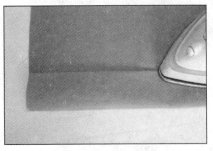

⑤ 将折边翻转，形成3cm宽门里襟，熨烫定型。

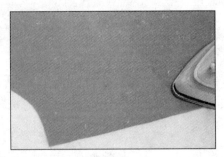

⑥ 扣烫好的右前片门襟。

◆ **步骤2——缝制胸袋**

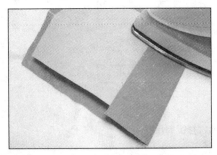

① 袋布反面朝上，按胸袋净样将袋口上边翻折5cm扣烫。

② 将扣烫后的折边再次向内折光，形成2.5cm净宽贴边。

③ 袋布反面朝上，距袋口贴边折光边0.1cm缉缝线。

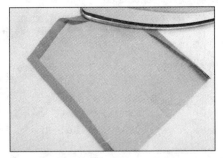

④ 将袋布依照口袋净样扣烫其余三边。

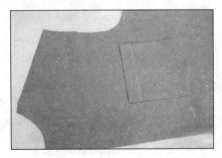

⑤ 将扣烫好的胸袋在右前衣片定位，注意同门襟距离一致，横平竖直。

⑥ 钉缝胸袋从袋口右侧起针，距袋净边0.1cm缉明线，在袋口两端缉三角封针。

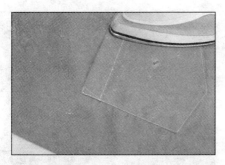

⑦ 熨烫胸袋。

◆ 步骤3——拼过肩、合肩缝

① 检查裁片，过肩面、里正面相对，过肩里放下层，后衣片正面朝上夹在中间，对齐刀眼。

② 沿过肩和后衣片缝边，缉缝线，缝份为1cm。

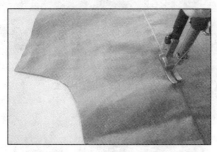

③ 将过肩面翻正，沿缉缝缉0.1cm明线。

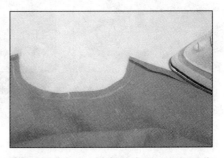

④ 熨烫后过肩，清剪领窝后，扣烫过肩面缝份，缝份为0.8cm。

⑤ 缝合过肩里和前片肩缝时，衣片均正面朝上，过肩在下层，缝边对齐，沿缝份缉缝，缝份为1cm。

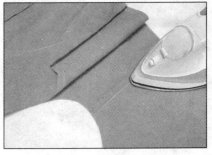

⑥ 熨烫肩缝，将缝份倒向肩部。

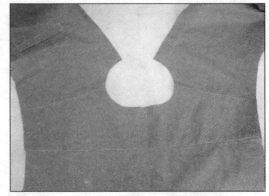

⑦ 将过肩面放平，沿肩缝折边缉0.1cm明线。

⑧ 拼合好过肩、肩缝的衣身。

◆ 步骤4——做袖叉

制作宝剑头袖叉详细步骤请参阅第六章第二节机缝基础工艺中的宝剑头袖叉的缝制工艺。

① 将左右袖片反面相对，右袖在上，按设计要求剪开袖片叉口。

② 按袖叉样板裁剪扣烫袖叉条。

③ 制作完成的袖叉。

◆ 步骤5——上袖

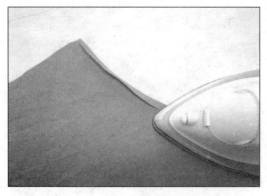

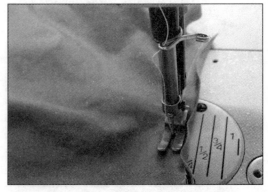

① 袖片正面朝上，将袖山缝份折倒0.5cm熨烫。

② 上袖采用内包缝。衣片、袖片正面相对，袖片在下，对合眼刀，袖片缝份包住衣片缝份，沿袖窿线缉缝，缝份为1cm。

③熨烫上袖缝线，缝份倒向衣身。

④衣片正面朝上，将袖片缝份包住衣片缝份，距上袖缝线0.8cm缉明线。

◆ **步骤6——合侧缝、袖底缝**

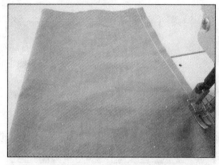

①对合衣片、袖身，对齐袖底十字缝口，在衣身反面缉缝，缝份为1cm。

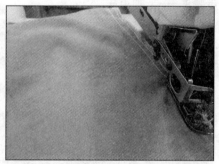

②包缝锁边缝份。

◆ **步骤7——做袖克夫**

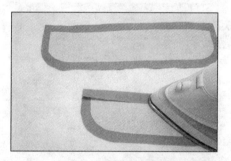

①将袖克夫衬熨烫在克夫面的反面，袖克夫直边折光扣烫。

②袖克夫正面朝上，沿袖口折光边缉0.6cm明线。

③将袖克夫里、面布正面相对，里布放于下层，沿衬布边缘0.1cm兜缉三边，缉缝时注意应稍拉紧里布。

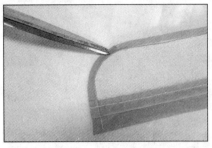

④ 清剪缝头为0.3cm，在圆角处打剪口，翻正克夫。熨烫袖克夫，克夫里布坐进0.1cm不外吐。

⑤ 熨烫整理好的袖克夫，两角圆顺，下口平直。

◆ **步骤8——上袖克夫**

① 熨烫袖口褶裥，按要求处理褶量，将袖褶倒向袖叉。

② 袖克夫里布正面和衣袖口反面相对，袖克夫放上层，沿缝份1cm缉缝，注意袖口褶裥。

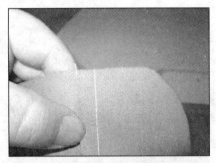

③ 翻正袖克夫，将缝份放于两层袖克夫布之间，袖克夫上口边缘应盖过缉缝线。

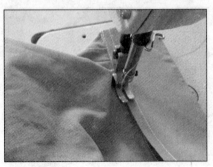

④ 沿袖克夫上口边缘缉0.1cm明线，注意两端回针线迹应重叠，不要双轨。

⑤ 沿袖克夫其他三边缉0.5cm明线。注意回针。

◆ **步骤9——做领子**

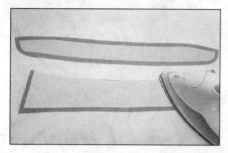 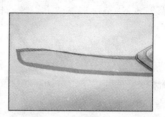

① 将底领衬按净样裁剪后熨烫在底领面反面，留足缝份，再将上领底边折转扣烫平整。将翻领衬上领底边按毛缝裁剪，其余三边按净缝裁剪，与翻领面反面粘合。

② 将底领面正面朝上，沿折光的下口缉0.6cm宽明线。

③ 缉缝翻领。两片领布正面相对，没烫衬的领布放下层，距领衬0.1cm缉缝三边，车缝至两领角部位时，应稍拉紧底布，形成里外均匀，便于满足领角窝势。

④ 清剪缝份为0.3cm，领角处缝头为0.2cm，将领角部位缝份修成宝剑形。

⑤ 将领面翻出，注意领角要全翻出、翻尖，领里坐进0.1cm，止口拽平，烫实。

⑥ 领面正面朝上，沿边缉0.1cm明线。

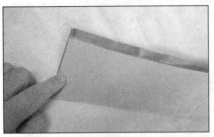

⑦ 依据领面净样修正翻领下口缝边，标记对位点，做好眼刀。

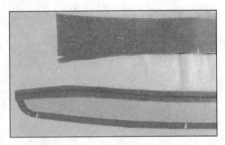

⑧ 做好眼刀和标记点的翻领和底领。

⑨ 缝合翻领与底领。操作时，底领面、里正面相对，底领面在上层，两者间夹进翻领，翻领面朝上，缝边对齐，眼刀对齐，距离底领衬0.1cm缉缝。底领圆头处清剪缝份为0.3cm，打剪口，翻转熨烫。

⑩ 将底领圆头缝份打剪口，翻出，熨烫平整，坐进底领里子，沿底领上口先缉缝0.1cm明线至另一底领头部，直角折转后，平行第一道缉线车缝第二道明线，两条线间距0.5cm。缝时注意起落针均在翻领的两侧。

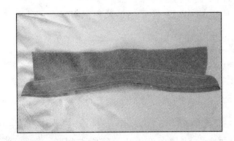

⑪ 制作完成的衬衫领。

◆ **步骤10——上领**

① 底领领面与衣片正面相对，衣片在下，按缝份缉缝。领子两端略缩进0.1cm，起止点回针。

② 缉缝上领时注意对齐肩缝、后中眼刀，可用珠针辅助定位。缝制完成后将清剪缝份为0.6cm，并打剪口。

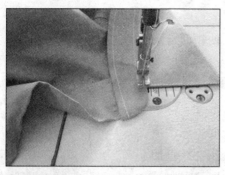

③ 将衣领翻正，将上领部位缝份夹于底领面、里之间，缉0.1cm明线，起缝从翻领两端进2cm处，缝线要重叠。

④ 沿底领圆头、下口边缘缉0.1cm明线，固定底领面和衣身，完成上领。注意起止点回针，缝线重叠，不能双轨。

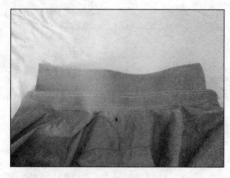

⑤ 完成上领的衬衫局部。

◆ 步骤11——卷底边

① 衣片里面朝上，将底边折转两次，卷边宽1cm，烫平服，侧缝缝份倒向后片。

② 沿折边缉0.1cm缝线，做好起止回针。注意两门襟长短一致，卷边不起皱。

◆ 步骤12——锁眼、钉扣

按衣身制图在门襟上定位扣眼，底领锁横眼1只，其余为5只竖眼；在袖克夫上定扣位，开横眼，袖叉条上开竖眼。扣眼大小为1.6cm，锁眼针码密度为11~15针/cm。扣位按要求确定并钉扣。

◆ **步骤13——成品整烫**

① 整烫领子。沿缝缉线抻平翻领领面，使领面与缉线平服，反面领里不起涌。

② 整烫袖子。烫平袖缝，压烫袖克夫、袖叉，褶裥熨烫顺直，衣袖平服。

③ 整烫大身。整烫时先烫反面，再烫正面，依次烫平覆肩、胸袋、前后衣身；然后扣好门襟纽扣，拉直摆缝，将衣身左右肩部放置平直，高低一致，熨烫平服；装袖缝头熨平，衣领折转自然，坐势恰当，领面平服，领尖贴身，领子左右对称，窝服不反翘。

成品效果图

实例4　男长裤的裁剪与制作

一、男长裤造型特点

男长裤前片左右各有两个活褶、一斜插袋；后片左右各收两省，双开线口袋。前开口，装拉链，腰头钉1粒扣，钉6个腰襻。裤型为H型，是男裤中的代表性款式，如图7-4-1所示。

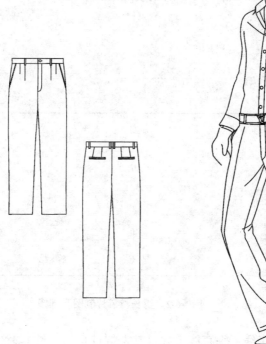

图7-4-1　男长裤示例

二、男长裤成品规格

男长裤号型选用170/74A，其成品规格如下：

部位	裤长	臀围	腰围	腰头	脚口
规格/cm	103	105	76	4	23

三、男长裤裁剪制图

（一）裤片制图

1.绘制男长裤裤片制图基础线（图7-4-2）

① 绘制**后片侧缝参考线**：作一条竖直线，此线作为裤后片侧缝参考线，线段长为裤长−腰头宽= 99cm。

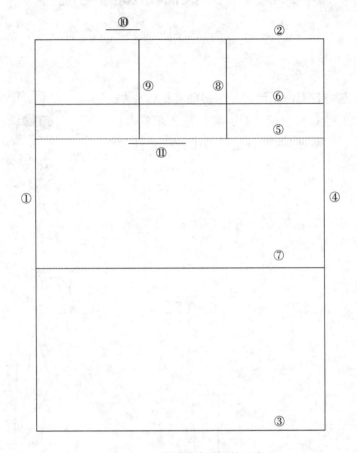

图7-4-2 男长裤裤片制图基础线

②绘制**腰口参考线**：垂直线①并过其上端点绘制一条上平线，该线为男长裤腰口参考线。

③绘制**脚口参考线**：垂直线①并过其下端点绘制一条下平线，作为男长裤脚口参考线。

④绘制**前片侧缝参考线**：作线①的平行线，距离为75cm，且与线②、③垂直相交，作为裤前片侧缝参考线。

⑤绘制**横裆参考线**：在线②下方距离其为$H/4 = 26.2cm$，作一条平行线，作为裤片横裆参考线。

⑥绘制**臀围参考线**：在线②和线⑤之间，靠下部1/3处，绘制水平线，作为臀围参考线。

⑦绘制**中裆参考线**：在线③和线⑥之间1/2处，绘制水平线，作为中裆参考线，也称为膝围线。

⑧ 绘制**前裆直线**：在线②和线⑤间作垂线，距离前片侧缝参考线为$H/4 -$

1cm=25.2cm。

⑨ 绘制**后裆直线**：在线②和线⑤间作垂线，距离后片侧缝参考线为 $H/4+$ 1cm=27.2cm。

⑩ 绘制**后片腰口起翘参考线**：在线⑨和线②的交点上部，作腰口线的平行线，距离为2.5cm，作为后片腰口起翘参考线。

⑪ 绘制**后片落裆线**：在线⑤和线⑨的交点下部，作横裆线的平行线，距离为1cm，作为后片落裆线。

2. 男长裤前裤片制图（图7-4-3）

1）确定**前裆宽**：在线⑤上由线⑤和线⑧的交点向左量取 $H/20-1cm=4.25cm$，确定为前裆宽，并定为 A 点。

2）绘制**前片烫迹线**：在线⑤上由线⑤和线④的交点向左量取0.8cm定为 A' 点，过此点和 A 点间线段的1/2处作线④的平行线，与其他水平线垂直相交，作为前片烫迹线，也称为挺缝线。

3）绘制**前裤口线**：以线③和前片烫迹线的交点为中点，在线③上对称均分 $SB-2cm=21cm$ 的距离，定点 B、B'，连接 B、B' 点成裤口线。

4）确定**前中裆宽**：以线⑦和前片烫迹线的交点为中点，在线⑦上对称均分（$SB-2cm$）+3cm=24cm的距离，定点 C、C'。

5）绘制**前腰口线**：以线⑧和线②的交点右侧0.5cm定点 D，以 D 点为起点在其右侧线② 上量取 $W/4-1cm+5cm=23cm$，定点为 D'，确定前腰宽（注：在计算公式中所加的5cm为设计的褶裥和省道量）。连接 D、D' 点成腰口线。

6）绘制**前裆弧线**：从 D 点起，过线⑧和线⑥的交点，再连接 A 点画线，其中上段弧线微凸，下段弧线绘成凹的，要求整条前裆弧线连接平顺。

7）绘制**前内缝线**：从 A 点开始画弧线连接 C 点，弧线撇进0.5cm成凹线，再用直线连接 B 点，形成前内缝线。

8）绘制**前侧缝线**：从 D' 点开始以微凸弧线连接线⑥和线④的交点；再从线⑥和线④的交点向下连接 A'、C'、B'，注意 $A'C'$ 段成凹的弧线，弧线撇进0.3cm，$C'B'$ 段是直线。注意整条前侧缝线连接平顺。

9）确定**袋位**：以 D' 点为起点在其左侧线②上量取3cm定点，以此点在前侧缝线上取点，使此两点距离为18cm，连线形成袋位。

10）确定**褶位**：此款长裤前裤片腰口处设计了两个褶裥。以前片烫迹线和线②的交点往左0.5cm定点，向其右量取3cm，设定为第一个褶裥；在第一褶裥位和口袋位之间1/2处设定为第二褶裥的中点，两边各取1cm画出第二褶裥。

3. 男长裤后裤片制图（图7-4-3）

1）绘制**后裆斜线**：以线⑨和线⑪的交点向右量取2cm定点，连接此点和线⑨、⑥的交点并向斜上方延长，和线⑩交于 H' 点。

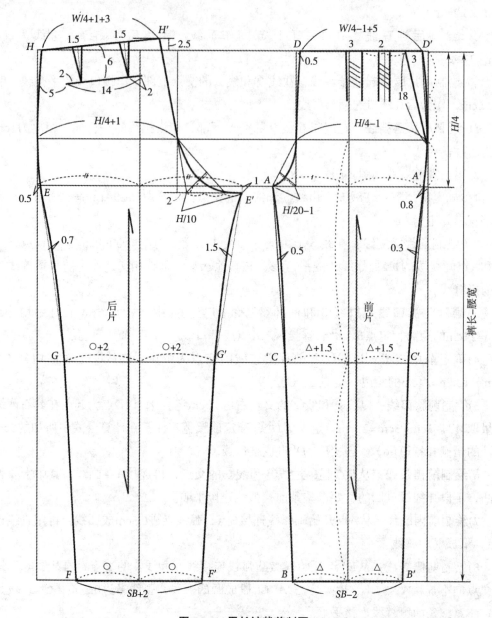

图7-4-3　男长裤裁剪制图

2）确定**后裆宽**：以线⑨和线⑪的交点向右量取2cm定点，在其右方量取H/10=10.5cm定点为E′。

3）绘制**后片烫迹线**：在线⑤上由线⑤和线①的交点向右量取0.5cm定点为E；过点E′画线⑤的垂线，将垂足定点。在此点和E点间线段的1/2处作线①的平行线，与其他水平线垂直相交，作为后片烫迹线，也称为挺缝线。

4）绘制**后裤口线**：以线③和后片烫迹线的交点为中点，在线③上对称均分SB+2cm=25cm的距离，定点为F、F′，连接F、F′点成裤口线。

5）确定**后中裆宽**：以线⑦和后片烫迹线的交点为中点，在线⑦上对称均分（SB+2cm）+4cm=29cm的距离，定点G、G'。

6）绘制**后腰口线**：以H'点为起点，在其左侧线②上定点H，使线段HH'的长度为W/4+1cm+3cm=23cm，确定后腰宽（注：在计算公式中所加的3cm为设计的省道量）。连接H、H'点成腰口线。

7）绘制**后裆弧线**：从H'点起，先直线连接它与线⑨、⑥的交点，再顺势延伸画弧线连接E'点，弧线绘成凹线。要求整条后裆弧线连接平顺。

8）绘制**后内缝线**：从E'点开始画弧线连接G'点，弧线撇进1.5cm成凹线，再用直线连接F'点，形成后内缝线。

9）绘制**后侧缝线**：从H点开始以微凸弧线连接线⑥、①的交点；在从线⑥和线①的交点向下连接E、G、F点，注意EG段成凹的弧线，弧线撇进0.7cm，GF段是直线。注意整条后侧缝线连接平顺。

10）确定**后袋位**：在后片上平行后腰口线HH'且距离为6cm处画袋位线，此线段长14cm，袋位左端距后侧缝线为5cm。

11）确定**省位**：以袋位线两端点为参考，各向袋位线内侧量取2cm定点，设为后片省尖点。过此两点分别作后腰口线的垂线作为省中线，确定每个省大为1.5cm，画出两个腰省。

（二）部件制图

1）在前裤片制图基础上，按照标注，绘制门襟、里襟、袋垫布、斜插袋布（图7-4-4）。

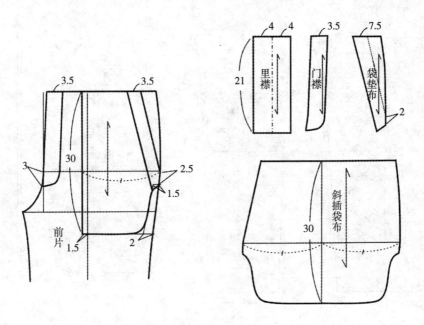

图7-4-4　男长裤部件制图（一）

2）按照标注，绘制后袋布、后袋嵌线、后袋垫布、裤腰和裤襻条（图7-4-5）。

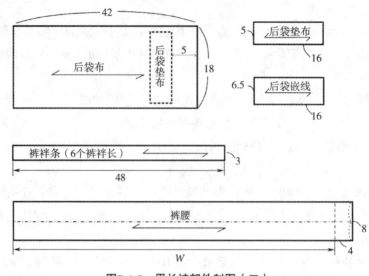

图7-4-5　男长裤部件制图（二）

四、男长裤纸样放缝

男长裤纸样放缝如图7-4-6所示。

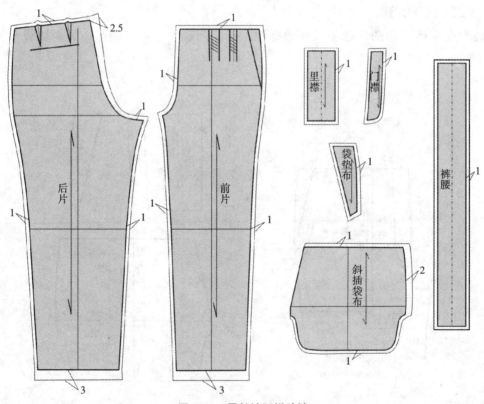

图7-4-6　男长裤纸样放缝

五、男长裤裁剪排料

男长裤裁剪排料可参见图7-4-7所示，图中选用了幅宽144cm的面料，用料105cm。

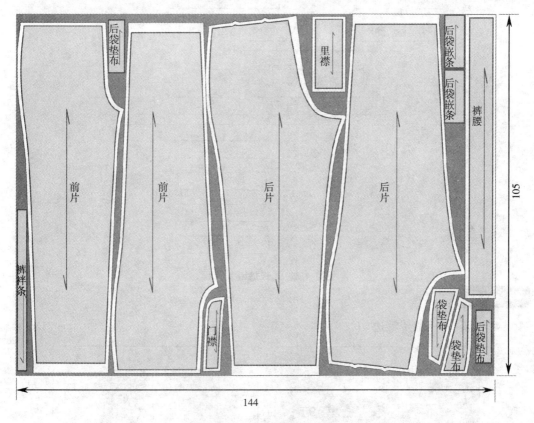

图7-4-7　男长裤排料示例

六、男长裤裁剪与缝制

（一）男长裤的裁剪

1. 材料准备

面料：幅宽144cm的毛涤裤料，用量105cm。

辅料：树脂衬、无纺衬、缝纫线、拉链、纽扣。

2. 裁剪

按照排料图将单幅布料铺开，定位纸样，注意纱向、裁片数量，并做好标记符号。

男长裤裁片包括：前裤片2片、后裤片2片、裤腰1片、门襟1片、里襟1片、袋垫布2片、后袋嵌条2片、后袋垫布2片、裤袢条1条。

（二）男长裤的缝制

男长裤的缝制流程如图7-4-8所示。

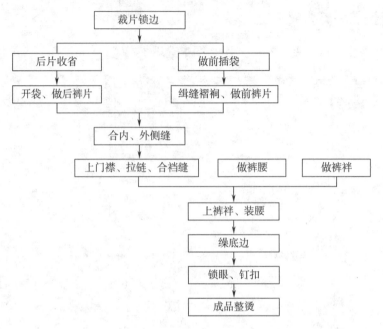

图7-4-8　男长裤缝制流程

步骤详解

◆ 步骤1——裁片锁边

① 裤片锁边，裁片正面朝上放置锁边。前片、后片内外侧缝、裆缝均锁边。

② 斜插袋垫布锁边。

③ 门襟、门襟贴先烫无纺衬、再锁边。操作时，门襟裁片正面在外，折叠成双层后再锁边。

④ 后袋垫布、后袋嵌条先烫无纺衬，再锁边。上述锁边操作时，应注意锁边要圆顺。

◆ **步骤2——后片收省**

 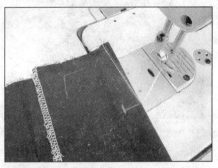

① 根据制图在裁片反面标记出后片省道和袋位。

② 分别缉缝两裤后片腰省。缉缝时注意从腰口缝到省尖，缉缝平直。

 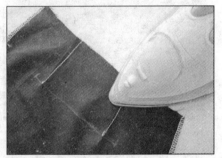

③ 缉缝时腰省的省尖不回针，留3cm缝线，用手打结，余线用手针缝入缝头。

④ 熨烫省道，省缝倒向后中。先反面熨烫好后，再熨烫正面。

◆ **步骤3——开袋、做后裤片**

① 在左后片反面袋口处烫粘合衬。衬料宽度为3cm，长度为袋位长再加上4cm。

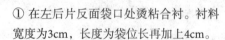 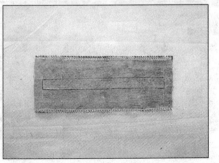

② 在裤片正面画出袋位。

③ 将后袋嵌条背面粘衬锁边后，画出口袋位置。

④ 固定袋布。将袋布上端长出腰口线1.5cm，正面贴合裤片反面，袋布宽度比袋位两端宽出2cm，用别针固定。

⑤ 将嵌条和后片正面相对，嵌条中间缝对准袋位，固定。

⑥ 距袋口线0.5cm，上下各缉缝一条和袋口等长的线，要求两条线平行，注意缝线两端要做回针处理。

⑦ 沿袋口线剪开，两端剪成三角形。注意在三角形端点要剪到距离缝线止点一根纱的位置，便于翻出，不能剪断缝线。

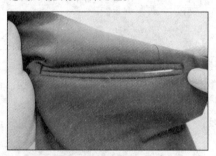

⑧ 将嵌条翻向裤片反面，拉平袋口，注意两端小三角也向裤片反面折转。

⑨ 在裤片反面将剪开的开袋缝份分烫。

⑩ 将后袋嵌条翻烫平整，注意上下嵌条宽窄一致，四角方正。

⑪ 固定下嵌条。将裤片掀起，并在缝口上缉缝，将嵌条、裤片、袋布三层固定在一起。

⑫ 将下嵌条的下边线和袋布缉缝，固定在一起。

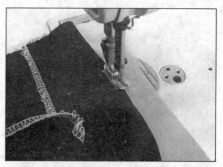

⑬ 缉缝小三角。掀起衣片，在袋口端用回针将小三角、嵌条和袋布缉缝在一起。注意缝线平直，紧贴袋口。

⑭ 摆正袋布，定位后袋垫布。

⑮ 缉缝袋垫布。

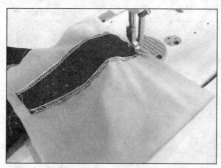

⑯ 将袋布正面相对，对折勾缝，缝份为0.3～0.4cm。

⑰ 将袋布翻正，正面钩缝0.6cm。

⑱ 掀起裤片，沿上嵌条缝口缉缝，固定袋布与嵌条。

⑲ 将袋布与裤片放平整，沿腰口缉缝0.3cm，固定袋布与裤片。

⑳ 清剪腰口多余袋布完成后袋制作。按上述步骤完成另一后裤片开袋。

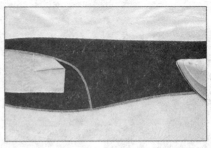

㉑ 沿后片裤线对折，烫出后裤挺缝线。熨烫时注意内外侧缝、裤脚内外角对齐，避免熨烫极光。

◆ **步骤4——做前插袋**

① 在左前裤片反面定斜插袋位，在袋位外侧熨烫1.5cm宽直丝牵条。

② 沿斜插袋位，将裤片折转，熨平袋口。

③ 定位袋垫布。将袋垫布放于袋布上，两者均正面朝上，腰口处对齐，侧缝处袋布多出袋垫布1cm。

④ 按图中白虚线所示，沿袋垫布锁边线内侧缉合袋布和袋垫布，距侧缝2.3cm缝止，注意回针。

⑤ 将前插袋布反面相对叠合，缉缝袋底，缝份为0.3cm，距离袋口2cm止。

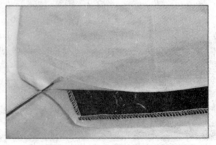

⑥ 将袋布翻转，熨烫平整。注意袋布下口缝份熨烫折光。

⑦ 定位袋布和裤片。将上层袋布夹入裤片插袋口折边中，要求贴紧、比齐。

⑧ 打开插袋口裤片折边，沿锁边线内沿缉缝，固定折边和上层袋布。

⑨ 将袋口折边折倒、放平，将下层袋布掀到一边，沿袋口边缉压0.6cm明线，固定插袋斜边和上层袋布。

⑩ 摆正袋布，在斜插袋口斜线上距腰口4.5cm处缉缝，做回针3～4次打结处理，固定裤片和下层袋布。

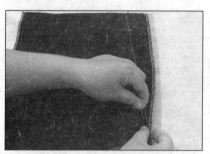

⑪ 用珠针固定斜插袋口下端的裤片和袋垫布。

⑫ 沿锁边线内沿固定斜插袋口下端处裤片和袋垫布，缉缝长3cm，不用回针。注意不要将下层袋布缉缝上。

◆ 步骤5——缉缝褶裥、做前裤片

① 做左前片褶裥。按照标记缉合褶裥，沿腰口向下缝合3.5cm，回针。

② 熨烫褶裥，在裁片反面显示褶裥倒向前中心线。

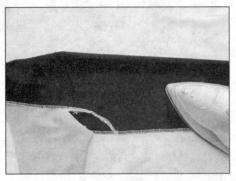

③ 将前片裤中缝对折熨烫出前挺缝线，注意侧缝对齐，裤脚对齐。

④ 在前片上部将裤挺缝线和褶裥压烫平顺。

⑤ 整理平齐裤片和袋布，距离腰口0.3cm缉缝将两者固定。修剪腰口多余缝头，前裤片制作完成。按照上述步骤制作另一前裤片。

◆ 步骤6——合内、外侧缝

① 将左前、后片正面相对，前片在上，掀开下层袋布，将前、后片外侧缝对位，从腰口缝合至脚口，外侧缝缝合完成。

② 裤片反面朝上，分烫侧缝。注意插袋位，将袋布掀开分烫平整。

③ 平整裤片和袋布，在斜插袋口尾端缉缝，做回针3～4次，打结固定。

④ 翻到裤子内侧，将下层袋布折光毛边，比齐缝份，熨烫平服。

⑤ 沿袋布折边0.3cm，将其缉缝在后片侧缝缝份上。

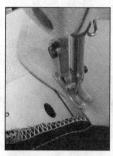

⑥ 翻起前裤片，沿插袋布底0.5cm兜缉底边，注意起始回针，且缝止至侧缝缝边处。

⑦ 缉缝左裤片内侧缝。裤片正面相对，前片在上、后片在下，缉缝时，后片横裆下10cm处适当拉紧些。

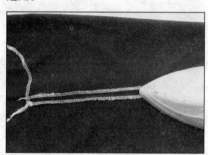

⑧ 将内侧缝分缝烫平。

⑨ 熨烫整理裤片，将前腰部位褶裥和挺缝线熨烫平顺，转折自然。按照上述步骤，完成另一裤前后片合缝。

◆ **步骤7——上门襟、拉链、合裆缝**

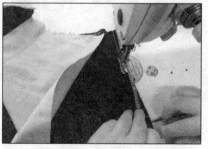

① 检查、对齐并标记裤前片前中的门襟止点。

② 将烫好衬的门襟与左前片正面相对，沿前中净缝线外侧缉缝，缝份为0.8cm。

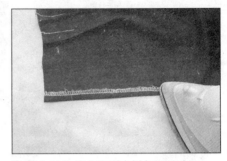

③ 翻折扣烫门襟，向内多折进0.2cm，注意止口不反吐。熨平，并顺势将小档线按1cm缝份扣烫。

④ 将右前片前中按照净样扣烫缝头。

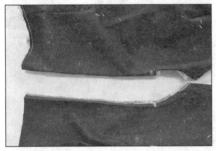

⑤ 检查、标记门襟止口。

⑥ 缝合前片档缝。缝合时，从下档缝起缝，缉缝至门襟止口上1.5cm处。

⑦ 将拉链定位在里襟上，沿拉链基布边0.2cm缉缝，固定拉链。

⑧ 将里襟叠合在右前片前中下，两者缝边比齐，距前片前中折边0.1cm压明线。

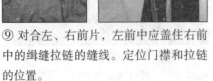

⑨ 对合左、右前片，左前中应盖住右前中的缉缝拉链的缝线。定位门襟和拉链的位置。

⑩ 轻掀左前片，沿拉链边缘0.3cm缉缝，将门襟和拉链缝合固定。

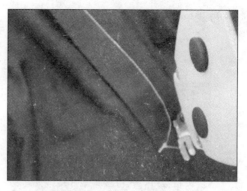

⑪ 缉合门襟。拉开拉链，放平左前片，距离裤片前中3cm 在正面车缝明线。车缝线上段平行于前中线，下半段向前中撇去呈弧线，明线缉缝到上拉链止口为止。注意不要将里襟也缝合在一起。

⑫ 车缝至门襟止口时，做回针处理，打结固定。

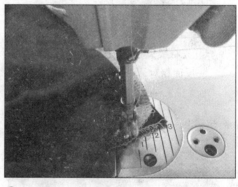

⑬ 放平裤子前中，沿门襟止口向上，做回针3~4次,注意一定要缉缝住上层裤片门襟折边。

⑭ 掀开裤片，在距门襟下端1.5cm处开始，沿门襟锁边线0.5cm缉缝固定门、里襟,注意回针。

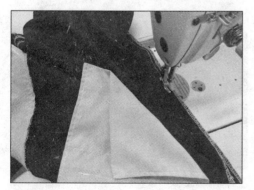

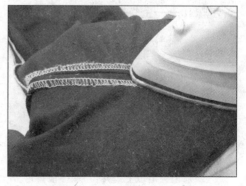

⑮ 将左、右后片正面相对，裆缝对齐，从下裆缝起缝，缉缝裆缝。操作时注意缉缝线迹双线重合。

⑯ 分烫裆缝。

◆ **步骤8——做裤腰**

① 烫粘合衬。先将腰头裁片熨烫无纺粘合衬。

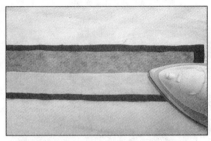

② 在腰面反面再粘合一片净样树脂衬。起到对腰头加固、衬托的作用。

③ 先将腰头的缝份按净样扣烫，再将腰头反面相对，对折熨烫，使腰里反吐腰面0.2cm。

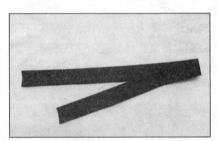

④ 熨烫处理完成的裤腰。

◆ **步骤9——做裤袢**

① 将裤袢料两边毛边折向内侧后，沿中线对折烫平，宽度为1cm。

② 沿折边将裤袢两边缉0.1cm明线，随后剪成6根8cm长裤袢。

◆ **步骤10——上裤袢、装腰**

① 标记、定位上裤袢位置。6根裤袢分别装在前片挺缝处2根、距后中两边各2cm处2根，侧面两个袢装在前中裤袢和后中裤袢的平分点上。

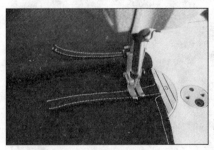

② 将裤袢车缝固定在腰口处。固定裤袢的缝线要距腰头止口2cm。

③ 掀开腰头，将腰面与裤腰正面对合，对齐对位点，珠针固定腰面与裤腰。

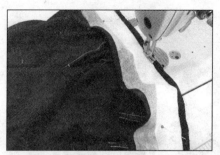

④ 将腰面与裤腰正面对合，腰头放上层，从左前中门襟处开始缝合上腰，注意上腰时要注意对齐刀眼，上腰平顺。

⑤ 翻折腰头，将门襟、里襟处的腰头正面相对，分别沿门襟、里襟边缘固定腰头两端，注意回针。

⑥ 将腰头翻转，检查腰头是否对称、平服，并熨烫腰头。

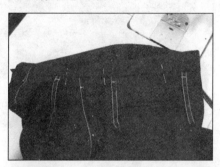

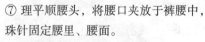

⑦ 理平顺腰头，将腰口夹放于裤腰中，珠针固定腰里、腰面。

⑧ 在裤腰正面沿装腰缝线绱缝固定腰里，完成上腰。

⑨ 将裤袢折向腰头上口，裤袢上端折进0.7cm缝份，车缝做回针3～4次，与腰头固定。

◆ 步骤11——缲底边

① 先用划粉画出折边，折边3cm。再按粉样扣烫裤脚折边，注意折边宽窄一致，熨烫平服。

② 用三角针缲缝固定脚口。

◆ 步骤12——锁眼、钉扣

烫平腰头、后袋位，定好纽扣位置。后袋纽扣直径为1cm，腰头处纽扣直径选1.5cm，扣眼均为圆头扣眼。

 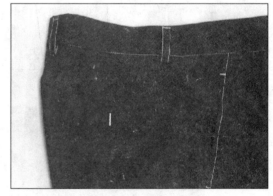

◆ 步骤13——成品整烫

① 清剪线头、去除划粉印迹等。

② 熨烫时先在裤子反面进行，将裤子内侧所有缝份、部件喷水、盖布熨烫。注意内外侧缝要烫煞，袋布、腰里、门襟、里襟内侧烫平。用马凳将裆缝分烫圆顺。

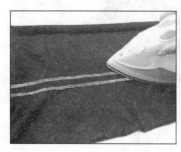 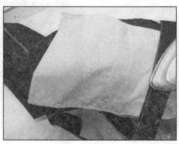 

③ 将裤子翻正，在裤身正面先烫门襟、里襟、褶裥，再烫斜插袋、后袋。熨烫时也要喷水、盖布操作，避免极光。

④ 对齐内外侧缝，熨烫裤子脚口。

⑤ 对齐内外侧缝，整理熨烫裤子前后挺缝线，注意前挺缝线上部，褶裥不要压死；后挺缝线上口应高低一致。熨烫完成后用衣架挂起晾干。

成品效果图

实例5 单排扣女休闲西服的裁剪与制作

一、单排扣女休闲西服造型特点

单排扣女休闲西服采用四开身衣身结构，前后衣片均有刀背线分割，吸腰、造型修身合体。单排两粒扣，平驳西服领，前片左右各有一有袋盖的插袋，挂全里，是女式休闲西装外套中的基础款式，如图7-5-1所示。

图7-5-1 单排扣女休闲西服示例

二、单排扣女休闲西服成品规格

单排扣女休闲西服号型选用160/84A，其成品规格如下：

部位	后中长	胸围	背长	肩宽	袖长	袖口
规格/cm	56	94	38	38	58	13

三、单排扣女休闲西服裁剪制图

（一）衣身制图

1. 绘制单排扣女休闲西服衣身制图基础线（图7-5-2）

①绘制**后中心参考线**：绘制一条竖直线，长度为后中长+后领深=56cm+2.5cm=58.5cm，作为衣片后中心参考线。

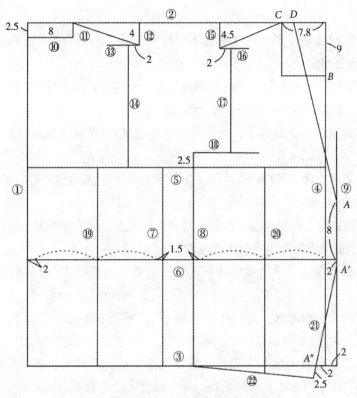

图7-5-2　单排扣女休闲西服衣身制图基础线

② 绘制**上平线**：作与线①垂直相交的一条水平线，作为衣服开领、落肩定点的参考线。

③ 绘制**底边参考线**：作与线①垂直相交的另一条水平线，作为衣服底边参考线。

④ 绘制**前中心参考线**：作与线③垂直的另一条竖直线，距离线①为B/2+5cm=52cm，此线作为衣片前中心参考线。

⑤ 绘制**袖窿深参考线**：在线②下方距离其2B/10+6cm=24.8cm处，绘制水平线，作为袖窿深参考线，且与线①、④相交。

⑥ 绘制**腰节线**：在线②下方距离其腰节长+后领深=38cm+2.5cm=40.5cm处，绘制水平线，作为腰节线，且与线①、④垂直相交。

⑦ 绘制**后侧缝参考线**：平行线①在其右侧作平行线，距离为B/4=23.5cm，且与线③、⑤、⑥垂直相交，作为后侧缝参考线。

⑧ 绘制**前侧缝参考线**：平行线④在其左侧作平行线，距离为B/4=23.5cm，且与线③、⑤、⑥垂直相交，作为前侧缝参考线。

⑨ 绘制**搭门线**：在线④右方距离其2cm作一条平行线，作为搭门线。

⑩ 绘制**后领深线**：垂直线①，在线②下方距离其2.5cm作平行线，作为后领深线。

⑪ 绘制**后领宽线**：垂直线②，在线①右方距离其8cm作平行线，作为后领宽线。

⑫ 绘制**后肩宽线**：垂直线②，在线①右方距离其1/2肩宽+0.5cm=19.5cm作平行线，

作为后肩宽线。

⑬ 绘制**后落肩高线**：平行线②在其下方作平行线，距离为后片落肩量4cm，作为后落肩高线，与线⑫相交。

⑭ 绘制**后胸宽线**：在线⑬上以线⑬和线⑫交点为端点，向左量取2cm定点，过此点作垂线，与线⑬、⑤垂直相交，作为后胸宽线。

⑮ 绘制**前肩宽线**：垂直线②，在线④左方距离其1/2肩宽–0.5cm=18.5cm作平行线，作为前肩宽线。

⑯ 绘制**前落肩高线**：平行线②在其下方作平行线，距离为前片落肩量4.5cm，作为前落肩高线，与线⑮相交。

⑰ 绘制**前胸宽线**：在线⑯上以线⑯、⑮交点为端点，向右量取2cm定点，过此点作垂线，与线⑯、⑤垂直相交，作为前胸宽线。

⑱ 绘制**前袖窿深线**：垂直线⑰作线⑤的平行线，距离线⑤为2.5cm，作为前袖窿深线。

⑲ 绘制**后刀背缝参考线**：在线①、⑥的交点右侧2cm定点；在线⑦、⑥的交点左侧1.5cm定点；在这两定点间的1/2处作线⑥的垂线，并与线③和线⑤相交。

⑳ 绘制**前刀背缝参考线**：在线④、⑥的交点定点；在线⑧、⑥的交点右侧1.5cm定点；在这两定点间的1/2处作线⑥的垂线，并与线③和线⑤相交。

㉑ 绘制**前片下摆造型参考线**：在线⑥、⑨的交点下侧2cm定点A'，在线③、④的交点左侧2cm定点A''，连接两个定点作为前片下摆造型参考线。

㉒ 绘制**前片底边斜线**：自线㉑、③的交点向斜下延长线㉑，截取2.5cm定点。连接此点和线③、⑧的交点，作为前片底边斜线。

㉓ 确定**翻驳止点**：在线⑥、⑨的交点正上方8cm定点为A，确定A为翻驳止点。

㉔ 绘制**前领口深线**：在线②、④的交点正下方9cm定点作线④的垂线，与线④交于B点，作为前领口深线。

㉕ 绘制**前领宽线**：在线②、④的交点左侧7.8cm定点作线②的垂线，与线②交于C点，作为前领宽线。

㉖ 绘制**衣片翻折参考线**：在线②上C点右侧2cm定点D，连接A、D，作为衣片翻折参考线。

2. 单排扣女休闲西服前片制图（图7-5-3）

1）绘制**前肩斜线**：直线连接C点和线⑮、⑯的交点。

2）绘制**前袖窿弧线**：从前落肩点即线⑮、⑯的交点开始，沿前胸宽线⑰的1/2处，向线⑧、⑱的交点连弧线。

3）设定**前袖窿对位点**：沿前胸宽线⑰的1/2处向下，在前袖笼弧线上取2.5cm定点，作为前袖窿对位点。

4）绘制**前侧缝线**：在线⑧、⑥的交点右侧1.5cm处定点；在线⑧、③的交点左侧1cm

处定点；从线⑧、⑤的交点开始向下，用圆顺弧线顺序连接此三点。

5）绘制**领深斜线**：过C点作AD线的平行线，定点为E，使CE长度为8.5cm。

6）绘制**串口线**：连接点E、B，并延长至B'点，使B'点到AD线的垂直距离为7cm。

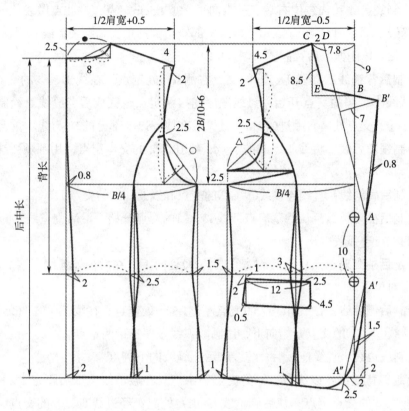

图7-5-3　单排扣女休闲西服衣身裁剪制图

7）绘制**驳领造型线**：直线连接点A和点B'，在此直线基础上外凸0.8cm，修顺成圆顺弧线。

8）绘制**门襟线**：直线连接A、A'点。

9）绘制**下摆造型线**：用弧线连接A'点和A"点，弧线外凸1.5cm。

10）绘制**底边线**：依据前片底边斜线将底边线和下摆造型线以弧线连接，圆顺过渡。

11）绘制**刀背缝线**：以线⑳、⑥的交点为中点，在腰节线上取前腰省大3cm，并定点；以线⑳、㉒的交点定点；从前胸宽线⑰的1/2处起，经过线⑳、⑤的交点，再分别连接上述定点，并延长至底边斜线，以圆顺弧线绘制出前片、前侧片刀背缝线。绘制时注意胸围线以上的弧线部分弧度尽量不要太大，以便于缝制。

12）绘制**腋下省**：将线⑤、⑧的交点与线⑱和刀背缝线的交点直线连接，和线⑱构成前片腋下省。

13）定位**纽扣**：在线④上定点，分别和点A、A'平齐，设定为纽扣位，两粒纽扣间距10cm。

14）确定**袋位**：平行线⑥在其下方2cm画袋位参考线，袋位右端点距离前片刀背缝线2.5cm，过此点向左量取袋口大12cm，袋口线左端点向上抬高1cm。

15）绘制**袋盖线**：从袋位右端点垂直向下量取4.5cm定点，过此点做袋位的平行线，口袋左侧缝线下端点向左撇出0.5cm，袋盖下部转角倒圆角，画顺袋盖线。

3. 单排扣女休闲西服后片制图（图7-5-3）

1）绘制**后背缝线**：在线①、⑥的交点右侧2cm处定点，在线①、③的交点右侧2cm处定点；从线①、⑩的交点开始以弧线顺序连接两定点，完成后背缝线。绘制时注意弧线在线①、⑤的交点处向右撇进0.8cm，且弧线在线⑥以上部分的2/3与线①重合。

2）绘制**领口弧线**：将线①、⑩的交点，线⑪、②的交点定点，用圆顺弧线连接上述两定点。

3）绘制**后肩斜线**：直线连接线⑪、②的交点和线⑫、⑬的交点。

4）绘制**后袖窿弧线**：从后落肩点即线⑫、⑬的交点开始，沿后胸宽线⑭的1/2处，向线⑤、⑦的交点连弧线。

5）设定**后袖窿对位点**：沿后胸宽线⑭的1/2处向下，在后袖笼弧线上取2.5cm定点，作为后袖窿对位点。

6）绘制**后侧缝线**：在线⑥、⑦的交点左侧1.5cm处定点；在线⑦、③的交点右侧1cm处定点；从线⑤、⑦的交点开始向下，用圆顺弧线顺序连接两定点。

7）绘制**底边线**：直线连接后背缝线和后侧缝线的下端点。

8）绘制**刀背缝线**：以线⑲、⑥的交点为中点，在腰节线上取后腰省大2.5cm，并定点；以线⑲、③的交点定点；从后胸宽线⑭的1/2处起，经过线⑲、⑤的交点，再分别连接上述定点，以圆顺弧线绘制出后片、后侧片刀背缝线。

（二）袖子制图

1. 绘制单排扣女休闲西服袖子制图基础线（图7-5-4）

①绘制**袖中线**：绘制一条竖直线，该线为衣袖袖中线。

②绘制**袖山水平线**：垂直袖中线绘制一条上平线，交点A作为袖山顶点。

③绘制**袖肥参考线**：由A点向下量取B/10+6.5cm=15.9cm定为袖山高，作线②的平行线，作为袖肥参考线。

④绘制**袖口参考线**：由A点向下量取58cm定为袖长，作线②的平行线，此线作为袖口参考线。

⑤绘制**肘围线**：由A点向下量取1/2袖长+2.5cm=31.5cm作线②的平行线，此线作为肘围线。

⑥绘制**袖口落山线**：在线④下方1.5cm处作线④的平行线，作为袖口落山线。

⑦绘制**后袖山斜线**：由A点向袖肥参考线③作斜线，斜线长度按衣身后片的后袖笼弧线（即后AH）定出。

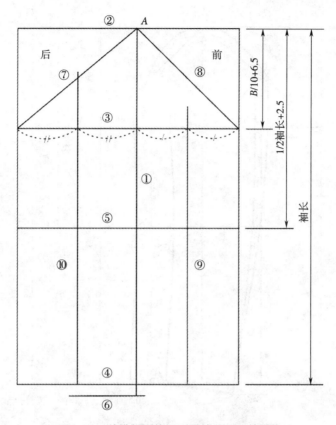

图7-5-4　单排扣女休闲西服袖子制图基础线

⑧ 绘制**前袖山斜线**：由A点向袖肥参考线③作斜线，斜线长度按衣身后片的前袖笼弧线（即前AH）定出。

⑨ 绘制**前袖肥平分线**：过前袖肥线的中点作线①的平行线，并与肘围线、袖口参考线垂直相交，此线作为前袖肥平分线。

⑩ 绘制**后袖肥平分线**：过后袖肥线的中点作线①的平行线，并与肘围线、袖口参考线垂直相交，此线作为后袖肥平分线。

2. 单排扣女休闲西服袖子制图（图7-5-5）

1）绘制**前袖山弧线**：四等分前袖山斜线⑧，再由其1/2处沿斜线方向向下量1cm处定点，然后由此点用圆顺弧线分别连接袖山顶点A和线⑧、③的交点，弧线在上1/4处垂直斜线向外上方抬升2cm，弧线在下1/4处垂直斜线向内下凹入1.5cm，画顺整条弧线。

2）绘制**后袖山弧线**：在后袖山斜线上分别自两端点量取1/4前袖山斜线长，以圆顺弧线依次连接袖山顶点A、后袖山斜线下端的1/4前袖山斜线处、线⑦和线③的交点，弧线在上1/4前袖山斜线长处垂直斜线向外上方抬升1.8cm，弧线在下半段垂直斜线向内下凹入1cm，画顺弧线。

3）绘制**前偏袖参考线**：由线⑨、⑤的交点向左量取0.5cm定点，由线⑨、④的交点向右量取0.5cm定点；用直线从线⑨、③的交点依序连接上述两定点，形成前偏袖线（图

209

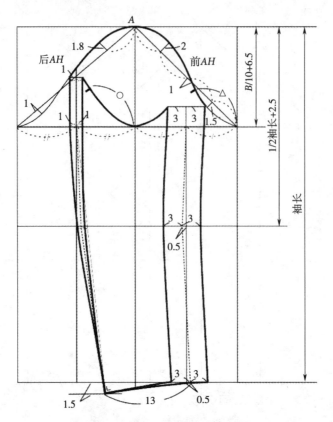

图7-5-5　单排扣女休闲西服袖子裁剪制图

7-5-5中虚线所示），作为绘制大、小袖片内缝线的参考线。

　　4）绘制**袖内缝线**：此款西服袖型采用两片袖构成，通过大小袖互借来分配袖片。由前偏袖线向右平移3cm，上端垂直延长交于前袖窿弧线止，此线作为大袖袖内缝线；按照上述步骤，由前偏袖线向左平移3cm，上端垂直延长至与大袖袖内缝线上端平齐，此线作为小袖袖内缝线。

　　5）绘制**袖口线**：由线⑨、④的交点向右量取0.5cm定点，以此处为起点以袖口大13cm在袖口落山线⑥上定点，分别连接此点与大小袖内缝线同线④的交点，并修顺，完成大袖、小袖的袖口线。

　　6）绘制**后偏袖参考线**：从线⑩、③的交点画直线，连接袖口线左侧端点，此线与线⑤的交点定点；在此点与线⑩、⑤交点连线的1/2处再次定点，连接此定点、线⑩和线③的交点以及袖口线左侧端点，形成后偏袖线，连接时应保证后偏袖线与袖口线成直角状态。

　　7）绘制**袖外缝线**：由后偏袖线与袖肥线的交点向左、右各量取1cm，后偏袖线与线⑤的交点向左、右各量取0.8cm，自袖口线左端点仿照后偏袖线画顺弧线；注意上述两弧线在下半段近袖口端10cm长度内，弧线为共用；将外侧大袖外缝线垂直上延交于后袖窿弧线，内侧小袖外缝线垂直上延与大袖外缝线上端平齐。

8）绘制**大、小袖袖山弧线**：自大袖内外缝线与前后袖窿弧线的交点处分割袖山弧线；大袖内外缝线内侧的形成大袖袖山弧线；大袖内外缝线外侧的形成小袖袖山弧线，通过将小袖袖山弧线以小袖内外缝线为轴映射翻转，形成小袖袖山弧线。

9）确定**前、后袖窿对位点**：比照衣片制图中袖窿弧线的定点长度，依次在衣袖的前、后袖山线上确定上袖的对位点。

（三）领子制图

领子制图依据前后衣片领口线直接制图（图7-5-6）。

1）绘制**衣领翻折参考线**：在前片制图基础上，延长AD，形成衣领翻折参考线。

2）绘制**领窝线**：过C点作AD的平行线，截取CE线段长度8.5cm，确定E点。EC线段向斜上方延长，形成领窝参考线。以C点为圆心，以后领窝长"●"为半径，在EC延长线上确定C′点；再以C C′为半径做C C″，使C′ C″为倒伏量2.5cm，确定C″点。修顺点E、C″间的连线，形成领窝线。

3）绘制**衣领领中线**：作垂线GC″垂直于CC″，形成领中线，线段GC″长度为7cm。在领中线段GC″上定点F，使其距两点的距离分别为3cm和4cm，F点可作为衣领翻驳点，修正领翻驳弧线，如图7-5-6中虚线所示。

4）绘制**衣领外轮廓造型线**：由B′点在线段EB′上量取4cm定点B″，过点B″作线段B″ H长度为3.5cm，和线段B′ B″夹角为60°，确定H点。连线G、H点并画顺弧线，确保弧线GH的H端垂直线段B″ H，确定衣领外轮廓造型线。

（四）挂面及其他辅件的制图

按照标示数据绘制挂面、袋口嵌条和袋布（图7-5-7）。

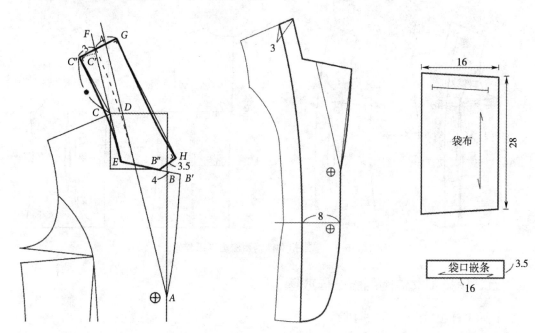

图7-5-6　单排扣女休闲西服领子裁剪制图　　图7-5-7　单排扣女休闲西服挂面、袋口嵌条和袋布制图

四、单排扣女休闲西服纸样修正

1. 面料纸样修正

服装前侧片按照图7-5-8所示，将腋下省剪开合并，将省量转移至刀背缝上，将前侧片合并成一片。

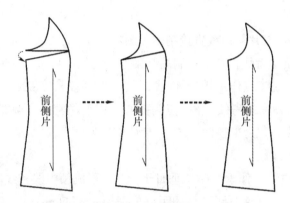

图7-5-8　单排扣女休闲西服面料纸样修正

2. 里料纸样修正

服装里料纸样，按照面料纸样制作（图7-5-9）。

里子前片在面料前片纸样基础上，先去除挂面部分，然后剩余部分将刀背缝闭合，改为收腰省，保留腋下省，转换成一片里子前片。

里子后片在面料后片纸样基础上，将刀背缝闭合，改收腰省，转换成一片里子后片。

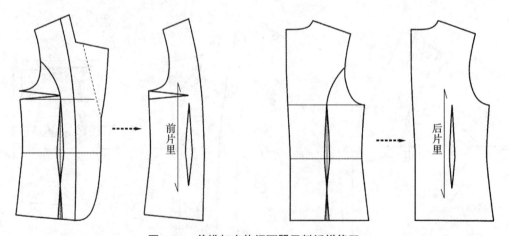

图7-5-9　单排扣女休闲西服里料纸样修正

五、单排扣女休闲西服纸样放缝

1. 面料样板放缝（图7-5-10）

需放缝的面料净板包括：前片、前侧片、后片、后侧片、大袖、小袖、挂面、领面、领里、袋盖面、袋口嵌条等。

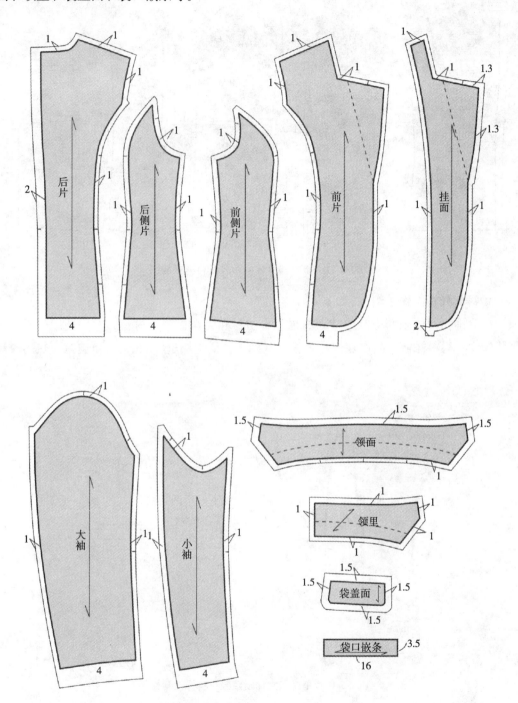

图7-5-10　单排扣女休闲西服面料样板放缝

2. 里料样板放缝（图7-5-11）

需放缝的里料净板包括：前片里、后片里、大袖里、小袖里、袋盖里、袋布等。

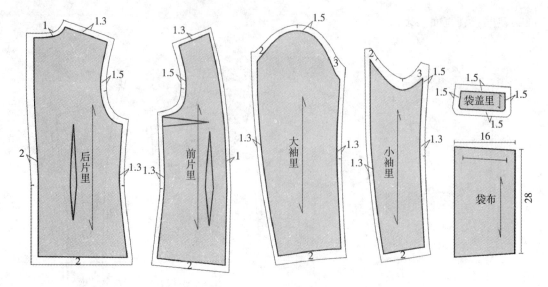

图7-5-11 单排扣女休闲西服里料样板放缝

3. 衬料样板制作（图7-5-12）

在单排扣女休闲西服制作中，需采用有纺衬和无纺衬两种衬料，它们适用于不同的服装部位。衬料样板的制作在面料毛板的基础上，周边缩进0.3cm，避免烫衬时热熔胶渗出。

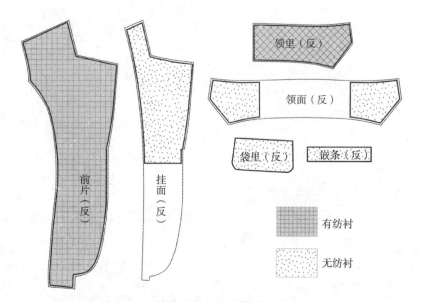

图7-5-12 单排扣女休闲西服衬料样板制作

六、单排扣女休闲西服裁剪排料

1. 面料排料示例

面料排料采用幅宽144cm的布料，对折成双幅后进行排料（图7-5-13）。

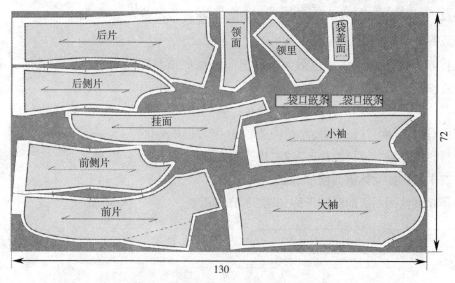

图7-5-13　单排扣女休闲西服面料排料

2. 里料排料示例

里料排料采用幅宽150cm的布料，对折成双幅后进行排料（图7-5-14）。

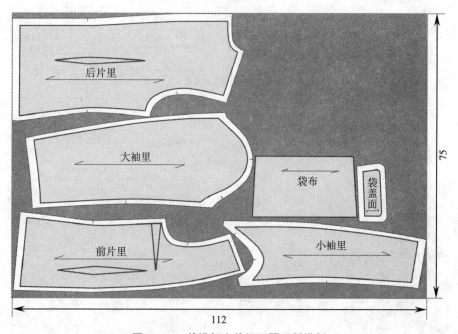

图7-5-14　单排扣女休闲西服里料排料

七、单排扣女休闲西服裁剪与缝制

（一）单排扣女休闲西服的裁剪

1. 材料准备

面料：幅宽144cm的毛涤面料，用量130cm。

辅料：里子布、树脂衬、无纺衬、缝纫线、垫肩、纽扣。

2. 裁剪

单排扣女休闲西服裁片包括面布和里布，按照排料图将面布、里布铺开，定位纸样，注意纱向、裁片数量，并做好标记符号。

面料：前片2片；前侧片2片；后片2片；后侧片2片；大袖2片；小袖2片；挂面2片；领面1片；领里2片；袋盖2片；袋口嵌条4片。

里料：前片2片；后片2片；大袖2片；小袖2片；袋盖2片；袋布2片。

（二）单排扣女休闲西服的缝制

单排扣女休闲西服的缝制流程如图7-5-15所示。

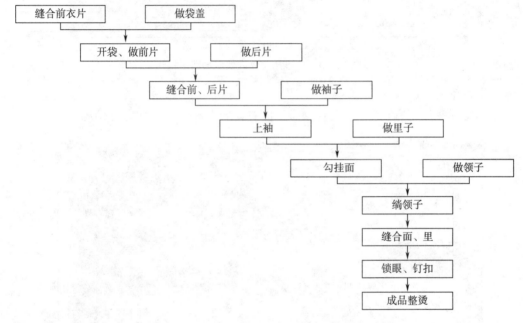

图7-5-15　单排扣女休闲西服缝制流程

步骤详解

◆ 步骤1——缝合前衣片

① 前片烫衬。操作时注意熨烫温度和时间，避免烫煳和粘合不牢。

② 在粘好衬的前片上画好净样线，做好标记。

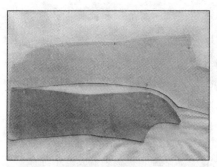

③ 标记、检查前片和前侧片对位记号。

④ 前片和前侧片正面相对，前片在上，对齐对位点，缝合刀背缝。

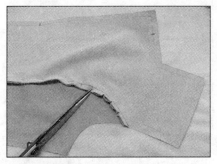

⑤ 在缝份的弧线部位、腰节处打剪口。

⑥ 分烫缝头。

◆ **步骤2——做袋盖**

① 袋盖里布粘衬。

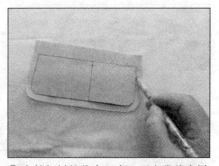

② 在粘好衬的袋布里布上画出袋盖净样。

③ 修剪袋盖面、里的缝份。图中上层的袋盖里布缝份为0.5cm，下层袋盖面布大出0.2cm（指勾袋盖的三边）。

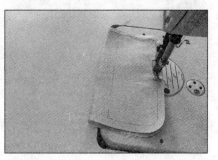

④ 袋盖布面、里正面相对，里布在上，沿净缝线绷缝，注意比齐两层袋布外缘，吃势均匀，上袋盖一边不缝。

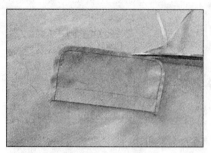

⑤ 修剪缝份至0.3cm，转角处打剪口。

⑥ 翻烫袋盖，熨烫袋盖成里外均匀，袋盖面吐出0.1cm。

⑦ 距上袋盖一边0.5cm处缉缝，稍拉紧里布，固定袋盖面、里，形成窝势。

⑧ 在车缝好的袋盖上按袋盖宽画粉印标记。

◆ 步骤3——开袋、做前片

① 袋口嵌条粘衬，并在衬料面画出开袋缉缝粉印，粉印为袋口长，距光边0.5cm。

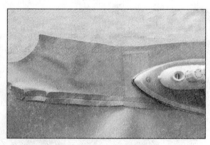

② 在前片内侧开袋处烫粘合衬。

③ 在前片面画定袋位。

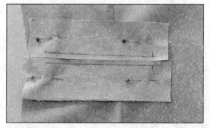

④ 定位袋口嵌条。袋口嵌条和衣片正面相对，两嵌条上标记的开袋缉缝粉印均平行于衣身袋位，且与袋位相距0.5cm。

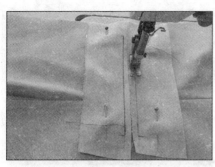

⑤ 按标记线车缝袋口嵌条，注意起止回针。

⑥ 翻到前衣片内侧，沿袋位线剪开衣片，在距袋位两端1.5cm处剪三角，注意要剪到缝线根处，不能剪断缝线。

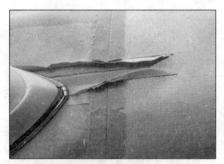

⑦ 分烫开袋处缝份。

⑧ 将袋口嵌条、三角翻进开袋里，整理好上下嵌条，熨烫。注意宽窄一致，袋口平整、袋角方正。

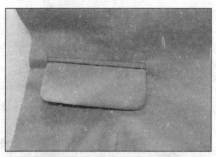

⑨ 将袋盖插入袋口，调整位置，对合标记线，注意不要将袋盖放错衣片，定位。

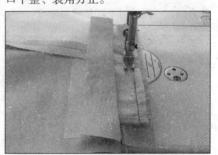

⑩ 掀起衣片，将袋盖和上嵌条缝合，固定袋盖。

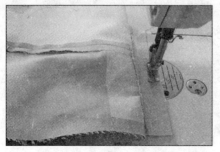

⑪ 放正袋布，将袋布和下嵌条正面相对，缝合固定。

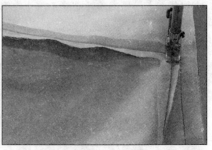

⑫ 拉开袋布，沿下嵌条车缝线缉缝，固定下嵌条和衣身缝头。

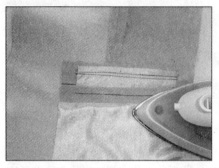

⑬ 翻起衣片，熨烫袋布。

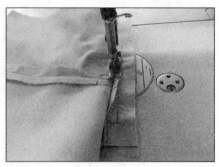

⑭ 向上折叠袋布，袋布上边比齐上嵌条边缘，沿上嵌条车缝线缉缝，固定嵌条、袋盖和袋布。

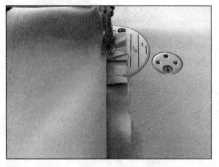

⑮ 掀起前片，整理平顺开袋小三角，然后车缝2～3遍，将其与上下嵌条、袋布缝合固定。缉缝时下嵌条稍拉紧些。

⑯ 沿袋布两侧边缘缝合袋布，缝份为1cm。

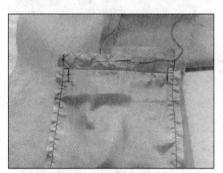

⑰ 将袋布上沿用三角针绷缝于前片内侧粘衬上，注意衣片正面不露针迹。

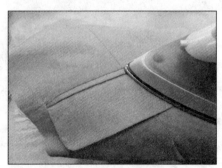

⑱ 将开袋放在烫包上，熨烫平服。

⑲ 熨烫前片，并熨烫底边，折边为4cm。

◆ **步骤4——做后片**

① 标记、检查后片和后侧片对位记号。

② 后片正面相对，缝合后中缝。

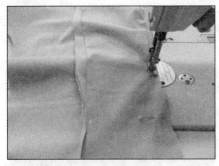

③ 后片和后侧片正面相对，后侧片在下，缝合后刀背缝。

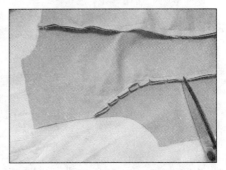

④ 修剪缝份，在腰节及弧线处打剪口。

⑤ 分烫缝份，并扣烫底边，折边为4cm。

◆ **步骤5——缝合前、后片**

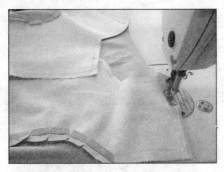

① 前后衣身正面相对，前片在上，后片肩缝略吃，缝合肩缝。

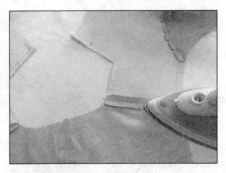

② 分缝烫平肩缝。

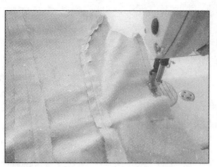

③ 前后衣身正面相对，前片在上，缝合侧缝。

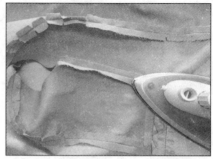

④ 分缝烫平侧缝，并按4cm折边烫实底边。

◆ **步骤6——做袖子**

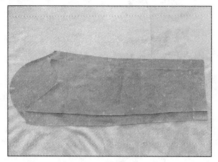

① 标记、检查大、小袖片对位记号，尤其是袖窿对位点。

② 大、小袖片正面相对，小袖在上，缝合前袖缝。

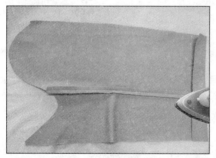

③ 分烫前袖缝，并扣烫袖口，折边为4cm。

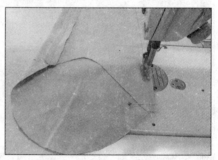

④ 大、小袖片正面相对，小袖在上，缝合后袖缝。

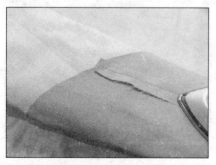

⑤ 分烫后袖缝，并烫实袖口折边。

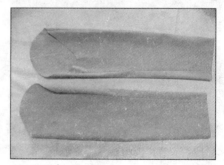

⑥ 缝合完成的袖子。

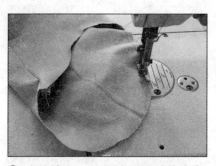

⑦ 疏缝袖山。超出袖子上对位点各3cm，沿袖山净线外侧0.2cm处车缝，不用做起止回针。注意缝线圆顺，不断线。

⑧ 抽紧袖山。袖山多出袖窿的吃势量为2.5～3cm，视布料厚薄、款式等调节缩缝量。一般袖山头的吃势在肩缝前后1.8cm处，袖窿前后斜势可多些，在袖窿底部3cm处不做吃势。

⑨ 将缩缝后的袖山头放在烫凳上熨烫均匀，使袖山饱满圆顺。操作时，注意不要超出缝份宽，避免袖山头走形。

◆ **步骤7——上袖**

① 对合标记，手针平针绷缝，将袖山和袖窿缝合。缝合时注意袖山吃势的部位应到位，且不能褶皱不平。

② 将假缝后的衣袖放于人台上检查，看是否袖山饱满、袖身姿态自然、左右袖对称等，否则应重新调整，再假缝上袖。

③ 袖子和衣身正面相对，衣片在下，车缝袖窿弧线，上袖。

④ 熨烫上袖缝份。熨烫袖山吃势。

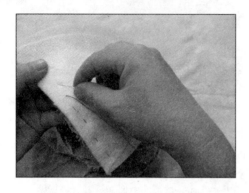

⑤ 装垫肩。将垫肩探出袖窿缝份0.2cm，用倒钩针将垫肩固定在缝份上，注意缝线不要太紧，并在肩缝处固定几针。

◆ 步骤8——做里子

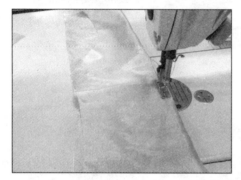

① 缉缝后片腰省。

② 后片里子正面相对，缝合。

③ 熨烫后片里子省道、缝份，省道、缝份倒向侧缝，中缝处留0.3cm眼皮。

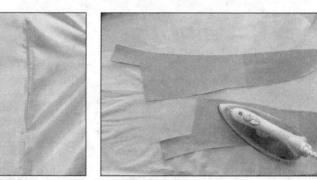

④ 将挂面内侧熨烫粘合衬。

⑤ 在粘好衬的挂面上画好净样线，做好标记。⑥ 缉缝里布前片腰省和腋下省。

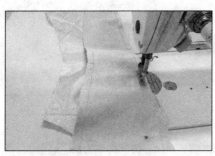

⑦ 将挂面和前侧片里布正面相对，里布在下，缝合。

⑧ 熨烫省道、缝份。省道、缝份均倒向后片。拼合挂面的缝份处，留0.3cm眼皮。

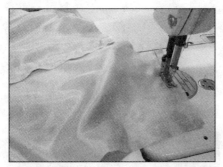
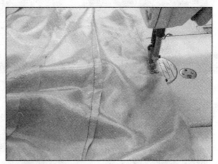

⑨ 缝合肩缝。

⑩ 缝合侧缝。

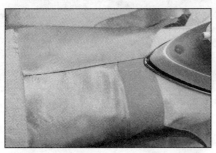
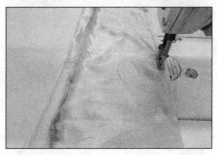

⑪ 熨烫肩缝、侧缝。肩缝、侧缝均倒向后片。

⑫ 对齐袖片对位点，缝合里布袖子前、后袖缝。注意在左袖前袖缝处中间预留15cm不用缝合。

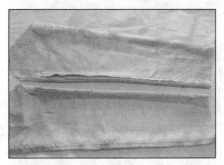
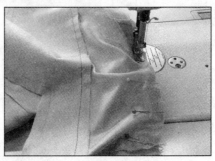

⑬ 熨烫里布袖子缝份，令缝份倒向大袖，留0.3cm眼皮。

⑭ 绱袖里。将里布袖子袖山抽皱后与里布袖窿对位点对齐，缉缝上袖。

⑮ 熨烫袖山缝份,将缝份倒向袖身。

◆ 步骤9——勾挂面

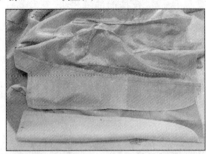

① 用净样板检查、标记、修正前片和挂面。

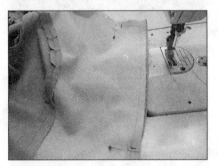

② 前片和挂面正面相对,前片在上,注意对齐领口驳角、翻驳点和门襟下端,珠针辅助固定。

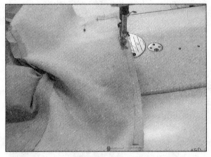

③ 勾合挂面。翻驳点以上驳角部分吃势均匀,驳头的吃势主要在下半段。翻驳点以下门襟处松紧适宜,下端弧线转角处前片微吃,防止下端反吐。

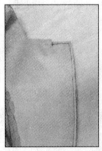

④ 清剪门襟缝份,前片缝头修剪为0.2~0.3cm,挂面缝头修剪成0.5~0.6cm。驳角处垂直净缝线打剪口。翻驳点、门襟下端弧线处打三角剪口。

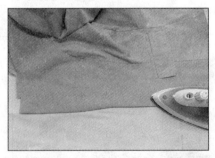

⑤ 先在挂面反面将缝份熨倒,再翻正熨烫前片。以翻驳点为界,其上端驳领部分挂面吐出0.1cm,其下端门襟至底边处前衣片吐出0.1cm。

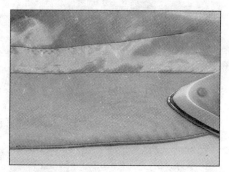

⑥ 从翻驳点2cm处，在挂面门襟沿缝边缉
缝0.1cm止口线。

⑦ 熨烫定型挂面。

◆ **步骤10——做领子**

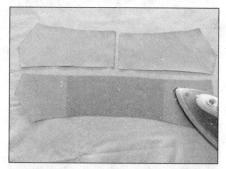

① 按要求给领面、领里熨烫粘合衬。

② 领里正面相对，对齐对位点，沿中心
线缉缝领里。

③ 分烫领里中心线缝份。

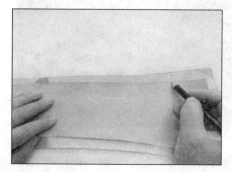

④ 在领里上按领子净样画净样线，并标
记各对位点。

⑤ 将领里、领面正面相对，领面在下，
沿领外口净样线缝合。

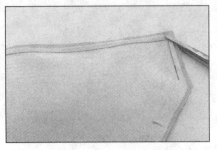

⑥ 修剪缝份。领里留0.3~0.4cm缝份，领面留0.5~0.6cm缝份。

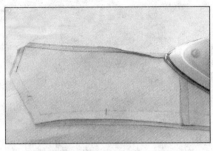

⑦ 在领子反面将外口线缝份熨倒，倒向领里。

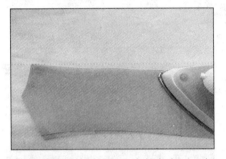

⑧ 翻正领子并熨烫，注意领角方正，领面吐出领里0.1cm。

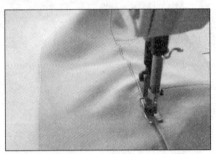

⑨ 沿领子外口在领里一侧倒缝缉0.1cm明线。

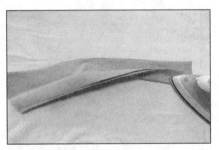

⑩ 沿领子翻折线熨烫领子，定型。

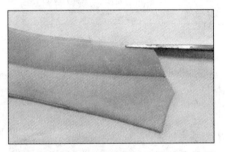

⑪ 经熨烫定型后的领子，按领里修剪领口缝份。

◆ 步骤11——绱领子

① 将领子掀开，领面正面对合挂面、里子正面；领里的正面对合大身衣片正面，对准对位点，珠针辅助定位。

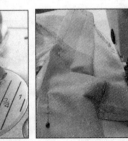

② 缉缝绱领。缉缝时，衣身衣片在下，两条绱领线均从串口线驳角点开始，注意缉缝线迹与驳角止口对齐。

③ 绱领时，当缉缝到领面或领里方领角顶角时，机针不动，抬起压脚，用剪刀沿缝边剪到缝线根处，注意不要剪断；然后旋转底布，对齐缝边，继续缝合直至绱领完成。

④ 将绱领缝份修剪到0.6cm，并在转角处、弧线处均打剪口。将缝份分开，熨烫平服。

⑤ 在领子里面，将绱领缝份对齐，车缝固定领面、领里缝份，固定领面和领里，防止移位。

⑥ 翻正领子，将衣领熨烫平顺。

◆ 步骤12——缝合面、里

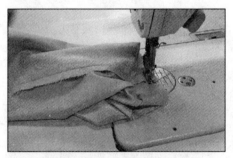
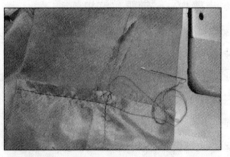

① 将袖子的面与里正面相对，对齐袖口，对准前后袖缝，按1cm缝份缝合袖口。

② 用手针将袖口折边固定在袖身上，并将袖里的袖窿缝份固定在垫肩上。

③ 将衣身面与里正面相对，对齐背缝、侧缝，底摆边如图所示对齐，并按图示虚线缝合底摆。

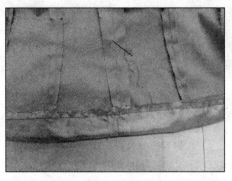

④ 用手针将底摆折边固定在衣身上，注意缝线不要过紧。

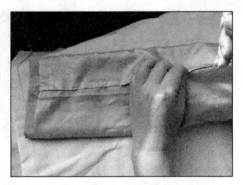

⑤ 从左袖前袖缝预留的开口处，将整件衣服翻出。用手针暗缲缝合开口。

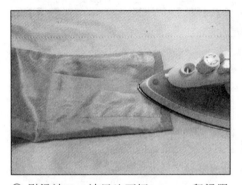

⑥ 熨烫袖口，袖里比面短1.5cm，留烫眼皮。

⑦ 熨烫底摆，在底摆的后背中缝处里子比面短1.5cm，留烫眼皮。

◆ **步骤13——锁眼、钉扣**

按款式设计要求定位，进行锁眼、钉扣，要求位置准确，锁、钉牢固。

◆ **步骤14——成品整烫**

① 熨烫时按照衣里、止口、口袋、肩部、驳领的顺序，各处缝份、折边处要熨烫平整、压实，袖身、衣身熨烫平整。

② 驳口翻折线第一粒扣位向上三分之一不能烫死。

③ 正面熨烫时要垫烫布，避免极光。

④ 整烫完成后要在衣架上充分晾干后再包装。

成品效果图

第八章

服装款式设计图例 👕

💠 图例一 女衬衫款式设计

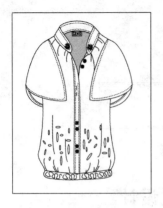  

图例二　女半身裙款式设计

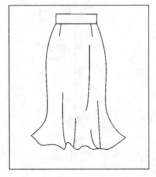  

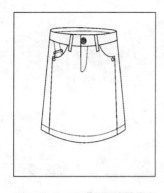

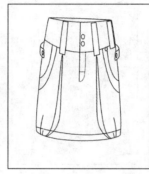
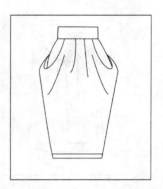

图例三　女休闲上衣款式设计

图例四　女大衣款式设计

图例五　女裤款式设计

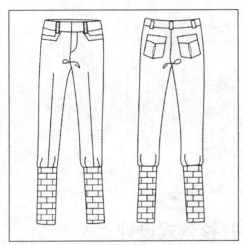
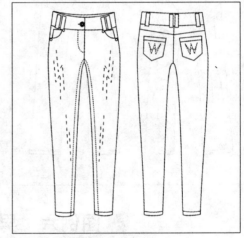

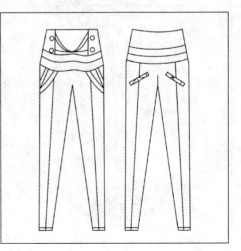

看图学服装裁剪与缝制

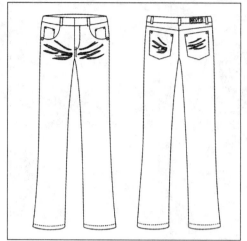

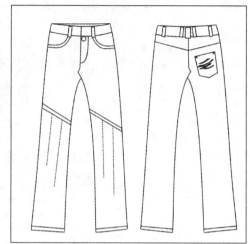

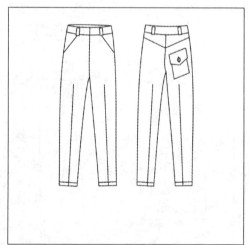

⊞ 图例六　男衬衫款式设计

236

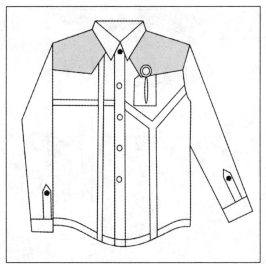

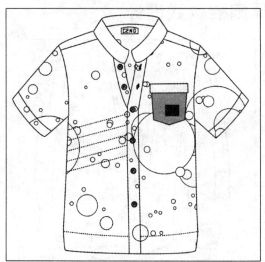

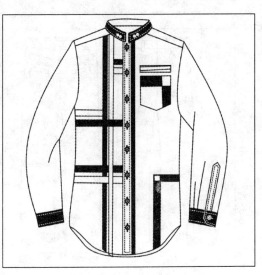

 图例七　男休闲裤款式设计

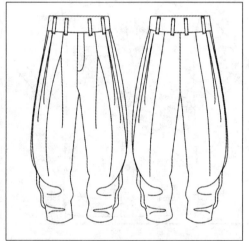

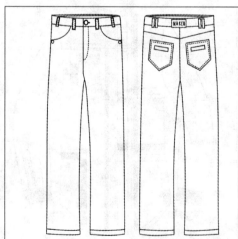

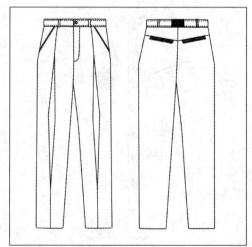

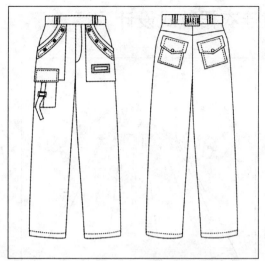
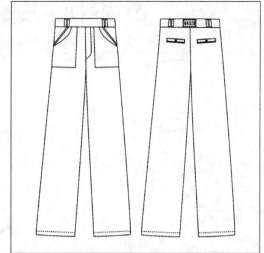

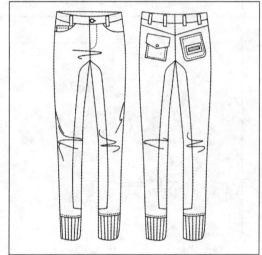
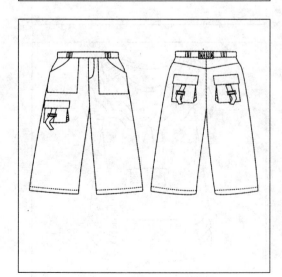
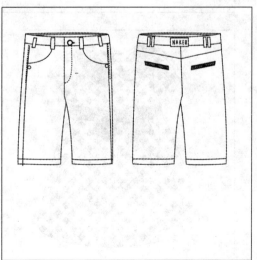

⚙ 图例八　女童连衣裙款式设计

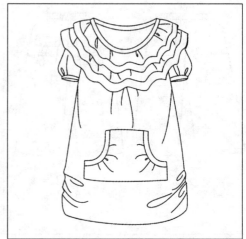

图例九　男童裤款式设计

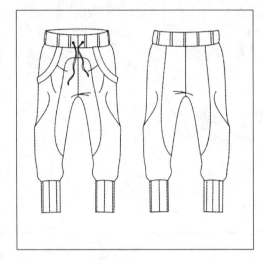

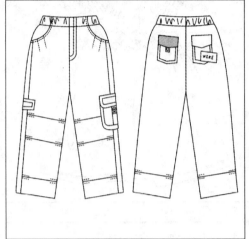

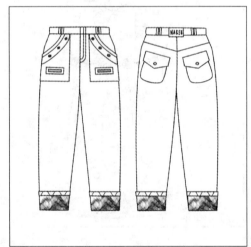

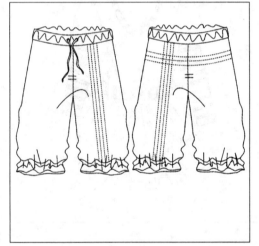

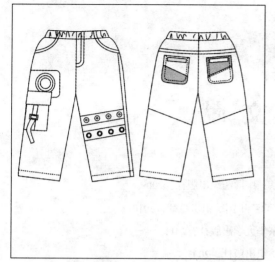

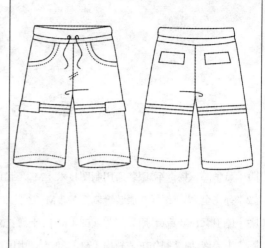

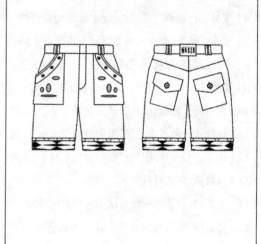

参 考 文 献

[1] 吕学海，杨奇军.服装通用制图技术［M］.北京：中国纺织出版社，2009.

[2] 孙兆全.成衣纸样与服装缝制工艺［M］.2版.北京：中国纺织出版社，2010.

[3] 鲍卫君，叶菀茵.服装工艺基础［M］.上海：东华大学出版社，2011.

[4] 王秀彦.服装制作工艺教程［M］.北京：中国纺织出版社，2003.

[5] 罗银武.裤装缝制工艺技巧［M］.上海：东华大学出版社，2012.

[6] 丁林，白志刚，常华栋.女上装结构设计与工艺［M］.上海：东华大学出版社，2013.

[7] 徐东，杨秀丽.成衣板型设计·裤装篇［M］.上海：东华大学出版社，2013.

[8] 严建云，郭东梅.服装结构设计与缝制工艺基础［M］.上海：东华大学出版社，2012.

[9] 徐静，王允，李桂新.服装缝制工艺［M］.上海：东华大学出版社，2010.

[10] 涂燕萍，闵悦.服装缝制工艺学［M］.北京：北京理工大学出版社，2010.

[11] 杨晓旗，范福军.新编服装材料学［M］.北京：中国纺织出版社，2012.

[12] 唐琴，吴基作.服装材料与运用［M］.上海：东华大学出版社，2013.

[13] 吴微微.服装材料学·应用篇［M］.北京：中国纺织出版社，2009.

[14] 王文博.服装机械设备使用·保全·维修［M］.2版.北京：化学工业出版社，2011.

[15] 孙金阶.服装机械原理［M］.4版.北京：中国纺织出版社，2011.